Heide Bergmann | Ulrike Armbruster

WildKräuter aus Topf & Garten

Grüne Kraft pflanzen und genießen

INHALT

Wildpflanzen von Bärlauch bis Schaumkraut

Spezial

Service 150

Wilde Powerpflanzen

Davon darf es gerne etwas mehr sein: **Wildkräuter** wie Löwenzahn, Brennnesseln, Giersch und Co. sind ein **gesundes Plus** in unserer Nahrung. Sie kosten nichts, wachsen vor der Haustür und sind fast das ganze Jahr hindurch **frisch** zu haben. Noch praktischer: Holen Sie sich die **grünen Kraftpakete** in den Garten oder auf den Balkon!

Superfood, das kennen Sie: Zuerst wurden exotische Zutaten wie Gojibeeren, Aronia oder Chiasamen populär, dann auch heimische Produkte wie Brokkoli, Hafer, Blaubeeren, Löwenzahn oder Brennnesseln. Man greift zu Superfood, um zum Beispiel Smoothies oder Müsli aufzupeppen, um sich optimal zu ernähren, fit und aktiv zu bleiben und Krankheiten vorzubeugen.

Der Spitzwegerich – frisch geerntet steckt er voller wertvoller Inhaltsstoffe.

Aber was ist Superfood eigentlich? Eine exakte Definition gibt es nicht. Laut der Deutschen Gesellschaft für Ernährung handelt es sich dabei um nährstoffreiche Lebensmittel, die als förderlich für Gesundheit und Wohlbefinden gelten. Oftmals ist ein spezieller Nährstoff in besonderer Menge enthalten: So zum Beispiel Antioxidantien in Heidelbeeren, Vitamin C in Walderdbeeren und Schwefelverbindungen in Bärlauch.

Ist der Körper aus der Balance, beispielsweise gegen Ende des lichtarmen Winters, wenn es noch kein frisches Obst und nur wenig Gemüse aus heimischem Anbau gibt, können spezielle Lebensmittel mit besonderen Inhaltsstoffen Lücken in der Versorgung schließen. Auch nach einer Krankheit oder bei Stress können solche Nahrungsmittel den Organismus kräftigen. Wenn Sie sich überwiegend mit pflanzlichen, naturbelassenen Lebensmitteln wie Gemüse, Getreide, Hülsenfrüchten, Kräutern, Obst und Nüssen ernähren, sind Sie bereits auf einem guten Weg zu einer optimalen Versorgung. Dazu sind heimische Wildkräuter eine sinnvolle Ergänzung, ein i-Tüpfelchen auf dem Speiseplan.

Superfood zu Großmutters Zeiten

Superfood mag heute nach Modetrend klingen, doch in früheren Zeiten war es überlebenswichtig. Schon der englische Seefahrer James Cook schützte seine Matrosen vor 250 Jahren mit Sauerkraut und Zitronen vor Skorbut. Er folgte damals dem Rat des Marinearztes James Lind. Dieser empfahl den Seeleuten der Royal Navy, während der langen Monate auf See an Bord Kresse- und Senfsamen zu ziehen. Auch ein Vorrat an Scharbockskraut soll mit dabei gewesen sein. Skorbut war bald kein Thema mehr.

Unsere Großmütter und viele Frauengenerationen davor nutzten heimische Wildkräuter ganz selbstverständlich als Vitalstoffspender. Wenn im ausgehenden Winter die Kartoffelvorräte im Keller zu Ende gingen, suchten sie in der Not nach Nahrungspflanzen in der Natur. Dort fanden sie die ersten sprießenden Blätter von Brennnesseln, Löwenzahn, Scharbockskraut und vielem mehr. Damit konnten sie die Familie besser durch den restlichen Winter bringen, da die Kräuter das Immunsystem stärken und den Organismus kräftigen.

Pflanzen mit Potenzial

Exotische Früchte wie Acerola oder Gojibeeren, die Sie im Supermarkt als Extrakt, getrocknet, pulverisiert oder als pasteurisierten Saft erhalten, dürfen die Ausnahme zum Aufwerten des Speiseplans bleiben. Durch die Verarbeitung und eine lange Lagerzeit sind viele

Inhaltsstoffe bereits verloren gegangen. Eine Belastung mit Pestiziden ist keine Seltenheit und lange Transportwege schaden der Umwelt und dem Klima.
Das beste Superfood sind frische, naturbelassene Nahrungspflanzen, die wir in der Natur und im Garten finden. Puren Genuss verspricht, sie direkt hinterm Haus, vom Balkon oder von der Terrasse zu ernten. Gänseblümchen, Pimpinelle oder Gundermann kosten keinen Cent und sind so frisch zur Hand, wie es die Produkte aus den Supermarktregalen nie sein können. Wer Giersch wachsen lässt, genießt leckere Salate und Suppen im Frühling. Wer Brennnesseln duldet, erhält wertvolle Inhaltsstoffe in Hülle und Fülle gratis.

Brennnesseln – im Kübel gepflanzt, hält man sie im Zaum und profitiert gleichzeitig von einem Superfood erster Güte.

Denn 100 Gramm Brennnesselblätter enthalten fast 30-mal so viel Vitamin C wie die gleiche Menge Kopfsalat und siebenmal so viel Eisen und Magnesium. Die Allicinstoffe von Bärlauch oder Winterschnittlauch reinigen die Blutgefäße und senken das Cholesterin. Die Bitterstoffe von Löwenzahn und Schafgarbe regen im Frühjahr den Gallefluss an und helfen, die Leber zu entgiften. Die Senföle im Gartenschaumkraut und in der Meerrettichwurzel stärken das vom Winter geschwächte Immunsystem. Und die auf der Fensterbank gezogene Vogelmiere, der Rotklee oder das Franzosenkraut liefern Chlorophyll und Vitalstoffe.
Die Wildkräuterküche bietet noch weitere Vorteile. Kräuter gehören zu den basenreichen Lebensmitteln und bringen zusammen mit Gemüse, Salaten und Obst den Säure-Basen-Haushalt in unserem Körper ins Gleichgewicht. Außerdem benötigt man wegen der reichlich vorhandenen Aromen weniger Salz.

Den natürlichen Rhythmus wiederentdecken

Heute sind wir gewohnt, dass alles jederzeit verfügbar ist, sogar Erdbeeren und Tomaten im Winter. Bei den Wildkräutern ist es anders. Hier geben die Jahreszeiten den Rhythmus vor. Bärlauch sprießt dann, wenn wir ihn brauchen, um nach dem Winter die leeren Akkus wieder aufzuladen. Und er zieht in die Erde ein, wenn vitaminreiches Gemüse und Salate aus dem Freiland verfügbar sind. So gibt uns die Natur auch den richtigen Zeitpunkt und das richtige Maß vor. Eine Überdosierung übers Jahr ist somit ausgeschlossen. Die Zauberformel heißt nicht: „Viel hilft viel", sondern: „Was brauche ich wann?" Wenn Sie sich mit Wildkräutern vertraut machen, schärfen Sie Ihre Sinne für die Jahreszeiten und die sich mit ihnen wandelnde Natur. Damit werden Sie auch Ihren eigenen Körper besser wahrnehmen.

Wildkräuter kultivieren

Giersch, Brennnesseln und Franzosenkraut ... diese „Unkräuter" wachsen eigentlich überall, auch an Stellen, wo wir sie gar nicht haben wollen – so geht es zumindest vielen Gartenbesitzern. Andererseits erleben wir bei unseren Kräuterführungen und Gartenseminaren immer wieder, dass uns Teilnehmer fragen, woher sie frische Wildkräuter bekommen. Es sind meist Stadtbewohner, die im unmittelbaren Umfeld keine Möglichkeit zum Sammeln haben. Löwenzahn, Gänseblümchen oder Spitzwegerich ... wer möchte schon seine Wildkräuter neben Verkehrsstraßen oder auf Grünflächen pflücken, wo die Luft belastet ist und Hunde Gassi gehen?

Machen Sie sich darum zunutze, worüber viele Gärtner jammern: dass viele Wildkräuter fast unverwüstlich sind. Im Eigenanbau bekommen Sie schnell und einfach frisches Wildgemüse, Küchenkräuter oder Teepflanzen, und zwar ohne Dreck, Umweltbelastung oder Angst vor dem Fuchsbandwurm. Auch eine Verwechslung mit giftigen Doppelgängern ist ausgeschlossen: Besorgen Sie sich Pflänzchen oder Samen in einer zertifizierten Kräutergärtnerei, sind Sie auf der sicheren Seite.
Sind Sie Kräuterfan, aber noch Neuling im Garten? Dann machen Sie einen einfachen ersten Anbauversuch mit einer Pusteblume im Balkonkasten. Sie werden staunen! Die Löwenzahnsamen keimen in wenigen Tagen. Oder topfen Sie einen Gundermann ein. Bald wird er über den Gefäßrand hinunterkriechen und vielleicht zwischen Bodenplatten einwurzeln. Nach ein paar ersten gärtnerischen Versuchen werden Sie feststellen, dass Sie es bei Wildkräutern mit Pflanzen zu tun haben, die zäh und robust sind, sich rapide vermehren und nicht unterkriegen lassen. Wildkräuter sind Pflanzen mit einem großartigen Potenzial – nicht nur auf dem Teller, sondern auch als Gartenpflanzen.

Überall ist Platz für Kräuter

Heute, wo besonders in den Städten nur wenig Gartenfläche zur Verfügung steht, ist ein Anbau in Kübeln, Kästen und Töpfen, im Hochbeet oder auf der Fensterbank interessant. Da die mehrjährigen Wildkräuter frosthart sind und manche auch immergrün, kann man sogar im Winter davon ernten. Einige eignen sich auch für die Kultur auf der Fensterbank, wo sie in Saatschalen sprießen. Mit ein bisschen Know-how und in mildem Klima lässt sich grüne Power das ganze Jahr über kultivieren. Im Garten ist es noch einfacher. Man braucht Wildkräuter nur wachsen zu lassen und hat die großartigen Inhaltsstoffe ohne Aufwand zur Verfügung, denn besondere Pflege benötigen die meisten Pflanzen nicht.
Bei geschickter Planung lässt sich rund ums Haus eine Menge nahrhaftes Grün unterbringen. Es genügen schon einige Töpfe und Kübel mit Ihren Lieblingspflanzen. Denn bereits ein bis zwei Hände voll Kräuter am Tag reichen aus, um den Speiseplan für eine vierköpfige Familie zu bereichern.

Hier wächst der Gundermann beim Salat im Topf mit und gedeiht prächtig.

Ein sinnliches Vergnügen

Mit unserem Buch möchten wir Ihnen Lust auf die Kraft der heimischen Kräuter machen. Wir wollen Ihnen zeigen, wie Sie Ihre Ernährung mit pflanzlichen Vitalstoffen bereichern können. Für eine gesündere Ernährung sind in unseren Augen kein Taschenrechner und kein Diätplan nötig. Wir plädieren vielmehr für einen unverkrampften Umgang mit dem Essen und für Genuss. Heimische Wildkräuter selbst anzubauen und zu ernten, öffnet die Sinne für das, was die Jahreszeit gerade bietet, für Pflanzen, ihr natürliches Wachstum und für eine ausgewogene Ernährung. Spaß am Gärtnern, Riechen und Schmecken von Aromen, genüssliches Kochen und Genießen kommen dann wie von selbst dazu.

KräuterPraxis

Wildkräuter sind nicht kompliziert – schließlich sind es robuste Pflanzen, die sich auch an widrigen Standorten behaupten. Doch wie generell beim Gärtnern gilt auch hier: Am besten gelingt es, wenn die Rahmenbedingungen stimmen.

Erfahren Sie in diesem Kapitel, wie Sie die richtigen Pflanzen für Ihren Garten oder Balkon auswählen, wie die Kräuter gesät, gepflanzt, vermehrt und gepflegt werden – für eine reiche Ernte und genussvolle Gerichte!

WILDKRÄUTER ANBAUEN

Wildkräuter sind robust und zäh – voller natürlicher, beeindruckender Pflanzenkraft. Manche Wildpflanzen müssen Sie sogar etwas zähmen, die meisten können Sie jedoch sehr einfach kultivieren. Mit der richtigen Erde, den geeigneten Gefäßen und am passenden Standort gelingt der Anbau im Garten, auf dem Balkon oder am Küchenfenster.

Viele heimische Wildkräuter säen sich selbst aus oder vermehren sich durch Wurzelausläufer. Denken Sie nur an Giersch, der aus Steinritzen kriecht und Polsterpflanzen unterwandert, oder an Franzosenkraut, das mit Tausenden winzigen Samen für Nachkommen sorgt. Kein Wunder, dass sie im Garten unbeliebt sind und als Unkräuter bezeichnet werden.

In diesen Töpfen gedeihen gezähmte Wildkräuter, im Hintergrund wächst ein Spitzwegerich am selbst erwählten Standort.

Außerdem sind Wildpflanzen anpassungsfähig. Löwenzahn beispielsweise wächst genauso gut auf Schutthalden wie auf fetten Wiesen. Nutzen Sie diese vitale Kraft der Wildpflanzen, um sie zu kultivieren. Dies gelingt oftmals besser, wenn Sie der Natur ihren Lauf lassen, anstatt nach einem festen Plan vorzugehen. Oft sät man eine Pflanze immer wieder vergeblich aus, doch sie will einfach nicht gedeihen. An einer anderen Stelle dagegen kommt sie wild, die Samen keimen und die Pflanze legt los. Wildpflanzen suchen sich ihren Standort gern selbst aus. Und was sich selbst ausgesät hat, gedeiht erfahrungsgemäß am besten. Lassen Sie sie also am besten dort sprießen, wo sie von alleine gekommen sind. Vorausgesetzt natürlich, sie stören nicht. Wenn der Standort stimmt, und die Wurzeln aus dem Boden die nötigen Nährstoffe bekommen, dann produzieren die Pflanzen die optimalen Inhaltsstoffe – und haben für uns den größten Wert als Vitalstoffspender.

Im Garten

Wenn Sie einen Garten besitzen, haben Sie mehrere Möglichkeiten, Wildpflanzen anzusiedeln. Es empfiehlt sich, zunächst zu schauen, welches Kraut bereits vorhanden ist und zu überlegen, ob man es an dieser Stelle toleriert oder ob man es in Schach halten muss.

Um eine allzu große Ausbreitung der Wildpflanzen zu verhindern, raten wir zu folgenden Maßnahmen: Bei Samenunkräutern wie Löwenzahn oder Franzosenkraut schneiden Sie die Blütenstängel rechtzeitig ab, bevor sich die Samen in alle Winde verstreuen. Bei Wurzelunkräutern wie Giersch oder Brennnesseln kann man rings um den Bestand eine Rhizomsperre eingraben, um eine Ausbreitung der Wurzeln zu stoppen. Graben Sie dazu ein Wurzelvlies oder eine Wurzelschutzfolie vertikal einen halben Meter tief in die Erde ein. Dies ist auch bei einer Neuanpflanzung zu empfehlen. Auch ein Rasenstreifen kann den Wildwuchs von Giersch oder Brennnesseln bremsen. Denn regelmäßiges Mähen kappt den Austrieb und ermüdet die Pflanze. Ist die Grasnarbe dicht genug, ist bald für neue Triebe kein Durchkommen mehr.

Praktisch: Das vitaminreiche Scharbockskraut hat sich von selbst eingefunden und ziert nun eine Frühblüher-Ecke im Garten.

Für alle vermehrungswütigen Wildkräuter gilt: Ernten, ernten, ernten. Drei bis vier Schnitte im Jahr stören die Fotosynthese und schwächen ihren übermäßigen Wuchs. Besonders in der zweiten Jahreshälfte ist dies wichtig, um zu verhindern, dass die Pflanzen ihre Kraft in die Wurzeln einlagern.
Für die meisten Wildkräuter können Sie entspannt nach einem geeigneten Platz im Garten suchen. Pflanzen Sie Schafgarbe, Malve oder Wiesenknopf zusammen mit Pflanzen, die ähnliche Ansprüche haben, wie beispielsweise Nachtkerze oder Sauerampfer, in ein Wildstaudenbeet. Dort dürfen sie eine gewisse Eigendynamik entwickeln. Solche Beete sind lebendige Bereiche in einem Naturgarten und locken Schmetterlinge, Insekten und Vögel an. Andere Wildkräuter passen eher an den Rand des Gartens, in die Nähe des Kompostes, Guter Heinrich oder Meerrettich etwa. Wiesenlabkraut sieht vor einem Zaun hübsch aus, wo sich seine filigranen Blütentriebe an das Gitter anlehnen. Für Wildpflanzen, die im Gehölzschatten wachsen, wählen Sie am besten einen Platz am Gebüsch, vor einer Hecke oder unter einem Baum. Goldnessel, Knoblauchsrauke oder Gundermann können solche bisher eher stiefmütterlich behandelten Gartenbereiche optisch aufwerten. Für trockenheitsliebende Kräuter wie Dost und Quendel bietet sich der Anbau in einem Steingarten, auf einer Kräuterspirale oder einer Mauerkrone an, wo der Boden mager ist. Wiesenpflanzen wie Wiesenschaumkraut, Gänseblümchen, Spitzwegerich oder Rotklee lockern den Rasen auf. Wenn sie bereits vorhanden sind, sparen Sie mit dem Rasenmäher einfach Inseln aus oder lassen Sie einen Randstreifen blühen.

Auf Balkon und Terrasse

Wer nur einen Balkon oder eine Terrasse für Wildpflanzen zur Verfügung hat, behilft sich auf kleiner Fläche mit verschiedenen Behältern und Vorrichtungen. In den letzten Jahren haben sich in vielen Städten Initiativen gegründet, die mit Leidenschaft und pfiffigen Ideen drauflosgärtnern. Von der bunten urbanen Gartenszene kann man sich eine Menge Anregungen holen. Gemüse und Kräuter sprießen in Bäckerkisten, Paletten, Pflanzsäcken, Wandregalen, vertikal oder in Hochbeeten ...
Einige Wildkräuter erweisen sich als besonders gut anbaubar und gedeihen recht problemlos in Töpfen, wenn die Anbaubedingungen ihrem natürlichen Standort nahekommen. Durch gute Topferde und mäßige Düngung regt man sie zu einem kräftigen Wuchs an, durch gezielten Schnitt hält man sie in Form und zögert die Blütenbildung hinaus. Sauerampfer oder Vogelmiere sind solche wunderbaren

Frisches Grün ein ganzes Jahr lang: Ein Wandtopf mit Vogelmiere auf dem Balkon.

Topfpflanzen. Andere Wildkräuter brauchen mehr Platz und sind in einem Hochbeet oder im Garten besser aufgehoben. Gierschwurzeln etwa stoßen ziemlich schnell an die begrenzende Topfwand.
In Hochbeeten oder Pflanzkübeln kann man viel unterbringen. Die Kombination von Wildkräutern mit anderen Kulturen spart Platz. So ergänzen sich Tomaten oder Klettergurken gut mit Vogelmiere oder Gundermann. Die Wildkräuter profitieren von den Düngegaben und die Tomaten und Gurken mögen einen bedeckten Boden mit niedrigwachsenden Schwachzehrern. Bei geschickter Planung kann man Wildpflanzen wie Scharbockskraut auch als Unterpflanzung zu einer Kübelpflanze setzen, etwa einem Rosenstämmchen. Das Kraut sprießt sehr früh im Jahr, wenn die Rose noch nicht treibt. So sieht der Kübel grün und üppig aus. Später zieht das Kraut ein und die Rose hat ihren Auftritt.

Welche Wildpflanze wo kultivieren?

Im Topf, Balkonkasten oder Kübel:

Dost
Franzosenkraut
Gänseblümchen
Gartenschaumkraut
Gundermann
Löwenzahn
Malve
Quendel
Sauerampfer
Schafgarbe
Scharbockskraut
Spitzwegerich
Vogelmiere
Walderdbeere
Wiesenknopf
Wiesenschaumkraut

In einem großen Gefäß oder Hochbeet:

Bärlauch
Brennnessel
Giersch
Goldnessel
Nachtkerze
Rotklee
Wiesenlabkraut

Besser im Garten anbauen:

Bitteres Schaumkraut
Guter Heinrich
Knoblauchsrauke
Meerrettich

Auf der Fensterbank

Einige Wildkräuter gedeihen sogar auf der Fensterbank. In warmen Räumen können sie jedoch nur temporär gezogen werden. Die meisten Wildpflanzen benötigen kühle Temperaturen. Heizungsluft und Lichtmangel bedeuten Stress, und Blattläuse finden sich schnell ein. Nutzen Sie aber die Fensterbank für die Pflanzenanzucht im zeitigen Frühling: Säen Sie dort Vogelmiere oder Sauerampfer an, ziehen Sie Sprossen aus Rotkleesamen oder lassen Sie Franzosenkraut wie Kresse sprießen.

Gundermann ist robust und lässt sich gut im Topf kultivieren.

Der richtige Standort

Die in diesem Buch vorgestellten Pflanzen sind Bewohner unterschiedlicher Lebensbereiche: Wiese, Trockenrasen, Staudenbeet, Gehölzrand, Wald und Feuchtbereich. Für ein gutes Gedeihen sind die Lichtverhältnisse ein entscheidender Faktor. In der Stadt haben wir es häufig mit lichtarmen Situationen zu tun, mit Hinterhöfen oder Balkonen, die durch Häusermauern beschattet werden.

Ost- oder Westbalkone mit Morgen- oder Abendsonne sind optimal. Die meisten Pflanzenarten fühlen sich in einem Mix aus Sonne und Halbschatten wohl. Aber auch für Schattenbalkone von Nordwest bis Nordost gibt es passende Pflanzen. Bärlauch gehört dazu und andere Vertreter aus dem Gehölzbereich. Direkte Südbalkone sind im Frühling angenehm, aber im Sommer für die meisten Pflanzen zu heiß. Quendel und Dost bilden die Ausnahme. Ungünstig sind windexponierte Lagen. Die Pflanzen verdunsten dort viel Wasser und müssen häufig gegossen werden. Welches der richtige Standort ist, können Sie den jeweiligen Pflanzensteckbriefen ab Seite 36 entnehmen. Lichtverhältnisse und Boden beeinflussen den Gehalt an wirksamen Inhaltsstoffen. So benötigen Dost und Quendel viel Sonne und trockene Wärme. Nur dann entwickeln sie ätherische Öle. Auch sollte die Topferde für die Wildpflanzen nicht allzu nährstoffreich sein und keine Düngesalze enthalten. In einem biologischen Boden, der mäßig und organisch gedüngt wird, werden Wildkräuter gut versorgt, wachsen gesund und entwickeln ihre natürlichen Inhaltsstoffe.

Töpfe, Kästen und Gefäße

Während sich Pflanzen im Gartenboden mit allem Nötigen selbst versorgen können, ist der Wurzelraum im Topf begrenzt. Diese Tatsache gilt es bei einem Anbau auf dem Balkon zu bedenken. Damit die Pflanzenwurzeln gleichmäßig Feuchtigkeit und Nährstoffe aufnehmen können, sollte das Gefäß groß genug sein. Pflanzen aus einer Gärtnerei befinden sich meist in acht oder neun Zentimeter großen Töpfen, wie sie für die Pflanzenanzucht üblich sind. So ein Container trocknet schnell aus. Topfen Sie daher die Jungpflanzen nach dem Kauf bald in entsprechend große Gefäße. Als Topfgröße empfehlen wir einen Durchmesser von mindestens 15–20 cm oder einen Balkonkasten in Standardgröße. Bei größeren Kulturen wie Brennnesseln oder Giersch sollte man einen Kübel von mindestens 15 Liter Volumen verwenden. Wichtig ist beim Befüllen: Die Gefäße sollten am Boden eine Drainageschicht erhalten, damit das Wasser gut abfließt. Tonscherben, Kies oder Blähton sind dafür geeignet. Aus welchem Material die Gefäße bestehen ist Geschmackssache. Plastiktöpfe sind leicht, dafür aber seitlich hermetisch dicht. Tontöpfe sind schwer, lassen aber Luft und Feuchtigkeit durch. Alte Gefäße wie große Dosen, Kannen, Kochtöpfe, Holzkisten oder Körbe kann man prima zu Pflanzgefäßen umfunktionieren. Wichtig ist nur, dass das Wasser abfließen kann. Wenn nötig, bohrt man einige Abzugslöcher in den Boden.

Schattiger oder sonniger Standort?

Sonne brauchen:

Dost
Franzosenkraut
Gänseblümchen
Malve
Meerrettich
Nachtkerze
Quendel
Rotklee
Schafgarbe
Spitzwegerich
Wiesenknopf
Wiesenlabkraut

Im Schatten kommen zurecht:

Bärlauch
Giersch
Goldnessel
Gundermann
Knoblauchsrauke
Scharbockskraut
Vogelmiere
Walderdbeere

Wildpflanzen mit starkem Wurzelwachstum sind in einem Hochbeet gut aufgehoben. Solch ein Beet ist ein idealer „Ersatzgarten" beispielsweise in Innenhöfen, wo kein Mutterboden zur Verfügung steht. Die Pflanzen befinden sich in angenehmer Höhe, was die Gartenarbeit erleichtert. Es gibt fertige Bausätze in unterschiedlichen Größen. Sie können ein Hochbeet auch selbst zimmern, etwa aus Holz oder aus einem Weidengeflecht.

Die richtige Topferde

Eine gute Erde ist das A und O für das Wachstum der Pflanze. Die Geldausgabe für ein hochwertiges Substrat lohnt sich. Wenn die Wildkräuter nicht nur eine Saison, sondern längere Zeit in dem Gefäß wurzeln sollen, ist es wichtig, eine Topferde zu verwenden, die nicht so schnell in sich zusammenfällt, hart und dicht wird. Sie sollte gut Wasser und Nährstoffe speichern, aber auch genügend offene Poren enthalten, damit die Wurzeln Sauerstoff atmen können. Sand, Blähton oder Lavagranulat machen ein Substrat locker und luftig. Hier können sich die Wurzeln ausbreiten und die Bodenstruktur bleibt auf Dauer stabil.

Und noch etwas: Entscheiden Sie sich beim Kauf für torffreie Erde. So tragen Sie dazu bei, dass Moore und ihre Tier- und Pflanzenarten erhalten bleiben. Im Fachhandel erhält man geeignete Substrate, die statt Torf Rindenhumus, Kokosfasern, Kompost oder Holzfasern enthalten.

Für die meisten der hier beschriebenen Pflanzen sind die Kräutererden aus dem Fachhandel geeignet. Sie enthalten Tonmineralien und sind nur in geringem Maß organisch gedüngt. Wildstauden wachsen darin gesund und gedrungen, sie sind langlebiger. Bei Bedarf wird mit Sand abgemagert oder Dünger zugegeben.

Für die Pflanzenanzucht auf der Fensterbank empfehlen wir die Aussaat- oder Anzuchterde. Für Starkzehrer wie Meerrettich oder Guter Heinrich darf es etwas mehr sein. Hierfür können Sie die Tomaten- oder Gemüseerde aus dem Handel verwenden. Reine Gartenerde in Pflanztöpfe zu füllen, ist nicht empfehlenswert: Sie wird hart und fest.

Selber mischen

Natürlich können Sie Ihre Topferde aus den verschiedenen Komponenten selbst mischen. Das spart Geld. Die Basis ist eine gute Gartenerde. Ein Lehmboden mit hohem Humusanteil ist ideal. Er kann sehr gut Wasser speichern. Auch Maulwurfserde ist in Ordnung. Vorteilhaft ist es, die Erde durchzusieben, um Unkrautwurzeln zu entfernen. Die darin enthaltenen Unkrautsamen kann man damit allerdings nicht entfernen. Zur Gartenerde kommt ein Teil reifer Kompost. Er bringt Bodenleben und Nährstoffe in die Mischung. Am besten ist Kompost aus Garten- oder Grünschnittabfällen. Kompost aus Küchenabfällen sollte man nur sparsam verwenden. Dazu kommen wahlweise Sand, Kies, Lavagranulat oder Blähton zur Lockerung. Wie viel hängt davon ab, ob der Gartenboden eher sandig oder lehmig ist.

Beispiel für ein selbst gemischtes Substrat

- 60–70 % normale Gartenerde oder Maulwurfserde
- 20–30 % Sand, Blähton oder Lavagranulat
- 5–15 % Kompost (für Schwachzehrer Kompost weglassen)

Topferde können Sie gut selber mischen. Gartenerde, Kompost und mineralische Bestandteile sind die Zutaten.

Säen, Pflanzen, Pflegen

Wildpflanzen anziehen und vermehren macht einfach Spaß: Schon bald keimt und sprießt es in der **Pflanzenkinderstube** auf der Fensterbank. Beim Aussäen, Teilen und Verpflanzen macht jeder seine eigenen Erfahrungen, und wenn es mal nicht klappt, sind **Geduld** und **Beobachtung** gute Ratgeber. Probieren Sie einfach etwas aus.

Zunächst stellt sich die Frage: Woher bekomme ich die Samen und Pflanzen für meinen Wildpflanzengarten? Fast alle hier beschriebenen Arten können Sie in einer der Kräuter- und Wildpflanzengärtnereien beziehen (siehe Bezugsquellen im Serviceteil, Seite 152). Die Betriebe bieten Qualität und Sortenechtheit und vermehren die meisten Arten selbst. In ihren Katalogen findet man außerdem viele nützliche Informationen. Kräuter per Post zu beziehen, ist kein Problem. Die Pflanzen werden schonend verpackt, der Liefertermin wird abgestimmt. Wenn Sie die Ware nach Erhalt zügig auspacken und versorgen, erholen sich die Jungpflanzen schnell.
Sie können auch Ableger von Wildpflanzen einpflanzen. Aber bitte ziehen Sie nicht mit dem Spaten in den Wald oder auf die Wiese. Generell sollte man keine Pflanzen in der freien Natur ausgraben, auch nicht außerhalb von Naturschutzgebieten. Helfen Sie doch einfach anderen Gartenfreunden beim Jäten. An Ablegern von Wildgemüse wird kein Mangel sein.

Die Samen der Knoblauchsrauke sind in langen Schoten verpackt.

Samen sammeln

Sie können jedoch Samen von Wildkräutern in der Natur sammeln, allerdings nur außerhalb von Naturschutzgebieten. Nach der Hauptblütezeit im Mai oder Juni entwickeln sich die Samenstände. Achten Sie darauf, dass die Samen ausgereift sind, also sich braun verfärbt haben und hart sind, aber noch nicht ausfallen. Bei der Knoblauchsrauke zum Beispiel sitzen die Samen in einer Schote. Die Samenreife erkennt man an der braunen, dürren Samenhülle. Die Samen darin sind schwarz und hart. Entnehmen Sie die Schoten vorsichtig und breiten Sie die Samen auf Zeitungspapier aus. Wenn sie trocken sind, kann man sie in kleine Tütchen verpacken und bis zur Aussaat aufbewahren. Vergessen Sie nicht, die Tütchen zu beschriften und mit einem Datum zu versehen.

Aussäen auf der Fensterbank

Im Frühling kribbelt es Ihnen sicher in den Fingern. Jetzt möchte man in der Erde graben, säen und pflanzen. Mit einer Pflanzenanzucht auf der Fensterbank im März/April geht es los. Am besten eignet sich dafür ein helles Fenster. Wenn Sie einen Wintergarten besitzen, haben Sie ideale Bedingungen. Sie brauchen Saatschalen, Joghurtbecher, Eierkartons oder andere Behälter und Aussaaterde. Manche Samen sind Lichtkeimer. Sie werden nur ganz schwach bedeckt oder einfach gut angedrückt. Besprühen Sie die Samen während der Keimphase regelmäßig. Sie sollten auf gar keinen Fall austrocknen.

Nachdem die Sämlinge auf der Fensterbank gekeimt sind, sollten sie unbedingt hell stehen, sonst werden die Triebe lang und schlapp. Wenn nötig, installieren Sie eine zusätzliche Beleuchtung. Nach ein bis zwei Wochen werden die Sämlinge vereinzelt oder in kleinen Gruppen in Töpfe gesetzt. Knipsen Sie dabei mit den Fingernägeln die Wurzelspitzen ab und setzen Sie die Minipflänzchen tief genug, damit sie nicht umfallen. Das nennt man Pikieren.

Wenn sich die Jungpflanzen kräftig entwickelt haben, kommen sie an ihren vorgesehenen Platz im Garten oder auf den Balkon. Dazu müssen sie erst abgehärtet, also an das Licht und die Außentemperatur gewöhnt werden. Wählen Sie dafür einen bedeckten Tag und stellen Sie die Pflanzen für ein paar Tage zunächst an einen geschützten Ort auf dem Balkon ohne direkte Sonneneinstrahlung. Natürlich können Sie die Wildkräuter auch direkt draußen in Kästen oder ins Beet säen. So werden sie von klein auf an die Witterungsbedingungen gewöhnt.

Kaltkeimer

Manche Samen sind Kaltkeimer. Meist benötigen sie zum Keimen fünf bis acht Wochen lang Temperaturen um 0–4 °C. Diese Samen anzuziehen, ist nicht so einfach. Probieren Sie es dennoch aus. Man sät sie im Herbst draußen an Ort und Stelle in den Erdboden oder in Kisten.

Vermehren durch Ableger

Viele der hier beschriebenen mehrjährigen Wildpflanzen treiben natürliche Ableger, um sich fortzupflanzen. Giersch, Schafgarbe oder Brennnesseln bilden unterirdische Wurzelausläufer, Walderdbeeren oder Gundermann schieben oberirdische Seitentriebe. Diese Ausläufer besitzen Knoten, an denen sich jeweils Wurzeln und Blattsprosse bilden. Es entstehen Tochterpflanzen. Haben die Ableger durch Erdkontakt genügend Wurzeln und Blätter gebildet, braucht

man sie nur abzutrennen und zu verpflanzen. Scharbockskraut vermehrt sich durch Wurzelknöllchen. Man kann sie einfach ausgraben und entnehmen.
Kräuter wie etwa Dost bilden kräftige Wurzelstöcke, die man mit dem Messer durchschneiden oder per Hand auseinanderreißen kann. Schneiden Sie vor dem Einpflanzen die Triebe um zwei Drittel zurück und kürzen Sie die Wurzeln ein. Dann wächst die geteilte Pflanze besser an.

Pflanzbeispiele

Was kann man am gleichen Ort pflanzen?

Als Grundregel gilt: Pflanzen mit den gleichen Standortansprüchen passen auch im Beet oder auf dem Balkon gut zusammen.

Im Wiesenbalkonkasten:

Rotklee
Sauerampfer
Schafgarbe
Spitzwegerich
Wiesenknopf

Im Gehölzschatten:

Goldnessel
Gundermann
Knoblauchsrauke

Sonnenwarm und mager:

Dost
Nachtkerze
Quendel

Kräuter vermehren ist nicht schwer. In separaten Töpfen wachsen die Ableger zu kräftigen Jungpflanzen heran.

Die beste Zeit für das Ausgraben, Teilen und Verpflanzen ist das Frühjahr vor der Hauptwachstumszeit oder der Herbst. Am besten wählen Sie einen bedeckten, regnerischen Tag. Das fördert das Anwachsen. Setzen Sie die Pflanzen in ausreichendem Abstand zueinander und drücken Sie die Wurzel gut an. Bis zum Anwachsen feucht halten. Wenn Sie Topfpflanzen aus der Gärtnerei setzen, tauchen Sie die Töpfe vor dem Auspflanzen in einen Eimer mit Wasser, bis keine Luftblasen mehr aufsteigen.

Pflege

Düngen: Während der Gartensaison wird bei Bedarf organischer Langzeitdünger zugesetzt. Er wirkt langsam, weil er die Nährstoffe erst nach und nach freisetzt. Wenn Kümmerwuchs oder gelbe Blätter einen akuten Stickstoffmangel anzeigen, können Sie mit Flüssigdünger diese Unterversorgung schnell beheben.
Gießen: Am besten gießt man morgens oder abends. Verwenden Sie möglichst abgestandenes Wasser. Wildpflanzen, die im Garten wachsen, müssen Sie nur nach dem Einpflanzen gießen, bis sie gut eingewurzelt sind. Danach ist Gießen nur noch selten nötig, beispielsweise bei extremer Hitze.
Umtopfen: Die Mehrzahl der Wildkräuter sind starke, ausbreitungsfreudige Arten, denen der Topf bald zu klein wird. Man sollte sie alle paar Jahre verjüngen und umtopfen. Den richtigen Zeitpunkt dafür können Sie ganz leicht feststellen: Wenn die Pflanzen aus dem Topf hinauswachsen, überständig und kahl werden, dann brauchen sie ein neues Zuhause. Meist ist der Wurzelraum komplett durchwachsen. Nehmen Sie die Pflanze heraus, ziehen Sie die Wurzel etwas auseinander und schneiden Sie die Wurzelspitzen an. Das ist das Startsignal für die Pflanze, um in der frischen Erde weiterzuwachsen.
Einjährige Kulturen vermehren sich durch Selbstaussaat, auch in Balkonkästen. Sie brauchen nur im Frühling genau hinzusehen, was wo austreibt und den Pflänzchen eventuell Platz zu verschaffen.
Pflanzenkrankheiten: Entfernen Sie die befallenen Blätter und sorgen Sie für ausreichend Abstand zwischen den Pflanzen.
Schnitt: Schneiden Sie bei den Stauden, wenn nötig, die verwelkten Stängel im Frühjahr vor dem Austrieb bodentief ab.
Winterschutz: Im Garten braucht man sich keine Gedanken darüber machen, da die ausdauernden Arten alle frostfest sind. Allerdings kann es passieren, dass ein Topf auf dem Balkon komplett durchfriert und die Wurzeln dann absterben. Sie können dem vorbeugen, indem Sie den Topf mit einem Vlies oder einer Noppenfolie umwickeln.

Frische Erde und ein größerer Topf lassen das Gänseblümchen aufatmen.

Natürlich kann es immer vorkommen, dass eine Pflanze plötzlich eingeht, und manchmal hat man einfach keine Erklärung dafür. Das ist normal, schließlich haben wir es mit lebendiger Natur zu tun, da ist vieles unvorhersehbar. Probieren Sie einfach etwas anderes aus, wechseln Sie die Erde oder den Standort und beobachten Sie, wie die Pflanze darauf reagiert. Überhaupt ist das Beobachten ganz wesentlich beim Gärtnern. Man spricht gern vom grünen Daumen. Aber wir finden, es ist eher der genaue Blick für die Vorgänge in der Natur. Gärtnern ist ein andauernder, spannender Lernprozess. Vielleicht probieren Sie es zunächst mit zwei bis drei Pflanzen. Fangen Sie einfach damit an.

Ernten und Verarbeiten

Knackig, frisch und **aromatisch** sollen die Kräuter sein und vor vitalen Inhaltsstoffen nur so strotzen. Pflücken und verarbeiten Sie Ihre Pflanzenschätze **zum idealen Zeitpunkt** und möglichst schonend, damit die wertvollen Inhaltsstoffe erhalten bleiben.

Wann die meisten Vitamine, Mineralien und Vitalstoffe vorhanden sind, ist von Pflanze zu Pflanze verschieden. Schließlich grünen und blühen die Pflanzen ja auch zu unterschiedlichen Zeiten von Frühjahr bis Herbst.

Beste Erntezeiten

Kräuter, die ihre Inhaltsstoffe besonders in den Blättern speichern, wie Bärlauch, Löwenzahn, Schafgarbe – also die meisten Frühlingskräuter – ernten Sie in der Regel vom Austrieb bis zum Blühbeginn. Dann sind die Blätter zart, schmecken mild-würzig und ihr gesundheitlicher Wert ist optimal. Diese Wildkräuter haben von März bis zum Frühsommer Saison. Mit Ausnahme von Scharbockskraut können Sie die Kräuter natürlich auch während und nach der Blüte noch ernten. Verwenden Sie dann die reifen Blätter eher als Würze.

Im Sommer, wenn die Sonne recht hoch steht, wandert die Kraft der Pflanzen in die Triebspitzen, denn jetzt wird sie gebraucht für die Entwicklung von Blüten, Früchten und Samen. Kräuter wie Quendel, Nachtkerze, Malve oder Dost sind jetzt erntereif. Im Herbst fließt der Kräftestrom zurück in die Wurzeln und füllt dort die Vorratsspeicher. Dann können wir Meerrettich ausgraben. Werden die Blätter des Meerrettichs gelb und ziehen ein, ist der richtige Zeitpunkt gekommen. Im Winter trotzen ein paar besonders zähe Wildpflanzen den frostigen Temperaturen. Schaumkräuter, Gänseblümchen und Vogelmiere gehören dazu. Sie versorgen uns in der kalten Jahreszeit mit Vitaminen und Vitalstoffen, wenn sich die anderen Wildkräuter in den Winterschlaf zurückgezogen haben.

In den Pflanzensteckbriefen haben wir jeweils die Haupterntezeit der Pflanzen angegeben. Das gilt als grobe Richtlinie für ihre Verwendung als wertvolle Nahrungsergänzung. Wenn sie als Arzneipflanzen genutzt werden, ist der Erntezeitpunkt oft enger gefasst, da es hierbei um die Optimierung von Wirkstoffen geht, und deren Konzentration ändert sich im Jahresverlauf. Die meisten Wildgemüsearten stehen jedoch fast das ganze Jahr zur Verfügung.

Schneiden Sie von der Knoblauchsrauke die oberen Blätter und die Triebspitzen. So verlängern Sie die Erntezeit.

Die ideale Tageszeit

Auch die Tageszeit der Ernte spielt eine Rolle, vor allem wenn wir die Kräuter konservieren, also eine längere Zeit aufbewahren wollen. Schneiden Sie die Kräuter in den späten Vormittagsstunden, nachdem die Feuchtigkeit abgetrocknet ist und bevor die Mittagssonne die ätherischen Öle verdunsten lässt. Zupfen Sie nicht einzelne Blättchen ab, sondern stutzen Sie mit einer Schere beherzt ganze Triebspitzen. Viele Kräuter entwickeln daraufhin Seitentriebe und wachsen buschig, anstatt in die Höhe zu schießen. Mit dem Ernteschnitt können wir die Pflanze ein wenig manipulieren, den Blütezeitpunkt hinauszögern und längere Zeit die zarten Blätter genießen. Beernten Sie kleine Pflänzchen aber erst, wenn sie eine gewisse Größe erreicht haben. Bedenken Sie auch, dass Pflanzen eine Ruhezeit brauchen und schonen Sie kleine Setzlinge, damit sie Kraft gewinnen.

Aus dem Garten direkt in die Küche – frischer geht's nicht.

Blüten und Samen

Blüten sind kurzlebig und empfindlich. Am besten zupft man sie, wenn sie sich gerade geöffnet haben. Bei einigen Arten fördert häufiges Ernten den Neuansatz, beispielsweise Malve wird dadurch angeregt und blüht üppiger. Samen werden gesammelt, wenn sie sich braun verfärben und hart werden. Erwischen Sie den richtigen Moment, bevor sie ausrieseln. Wenn Sie die Samenstände aufbewahren möchten, breiten Sie sie zum Trocknen auf Zeitungspapier aus.

Und nach der Ernte?

Qualität und Frische sind das Herzstück der gesundheitsbewussten Wildkräuterküche. Verarbeiten Sie Ihre Ernte deshalb behutsam und rasch. Je weniger Zeit zwischen Ernte und Genuss liegt, desto besser: Die Stängel, die Sie eben abgeschnitten haben, liegen besser in der Küche nicht lange herum, denn die ätherischen Öle reagieren mit Sauerstoff, verduften leicht und die Vitamine zerfallen. Die Kräuter verlieren so ihren Wert. Lassen Sie die Kräuter zunächst ganz. Die Blätter erst kurz bevor sie in die Salatschüssel oder in den Topf wandern abstreifen und klein schneiden. Was übrig bleibt, stellen Sie in einem Vorratsbehälter in den Kühlschrank und verbrauchen es in den nächsten Tagen.

Kräuter waschen?

Oft werden wir gefragt, ob man Kräuter waschen soll oder nicht. Das ist eine individuelle Entscheidung. Wir raten, sie möglichst ungewaschen zu verwenden. Wenn die Luft jedoch mit möglichen Schadstoffen belastet ist, was in der Stadt häufig der Fall ist, sollte man Kräuter schonend waschen. Man taucht sie in eine Schüssel mit Wasser, schüttelt sie trocken und breitet sie auf Küchenkrepp aus. Blüten werden nie gewaschen, nur sanft ausgeschüttelt, damit Insekten, die sich darin versteckt haben, herausfallen.

Feine und gesunde Wildkräuterküche

Integrieren Sie Wildpflanzen in die Alltagsküche, einfach und mit wenig Aufwand. Eben mal eine Handvoll Kräuter ernten, klein schneiden und los geht's. Bereits beim Schnippeln, Mixen und Mörsern steigen die Aromen in die Nase. Gut zu wissen, dass mit jedem Kraut auch eine Prise Gesundheit auf den Teller kommt.

Wildkräuter roh zu essen, bringt Ihnen den größten gesundheitlichen Nutzen. Gerade der Geschmack der Winter- und Frühlingskräuter, die wir wegen ihres hohen Vitamin-C-Gehaltes auf den Speiseplan setzen, kommt so am besten zur Wirkung. Streuen Sie Scharbockskraut oder Gartenschaumkraut frisch über den Frühlingssalat, mixen Sie Smoothies mit frischen Brennnesseln, Giersch oder Löwenzahn. Garnieren Sie Fingerfood mit Gänseblümchenblüten oder drapieren Sie Sauerampferblätter auf belegten Broten. Probieren Sie ein paar Meerrettichblättchen im Rohkostsalat, kreieren Sie Joghurtdips mit Ihren Lieblingskräutern oder garnieren Sie einfach ein Butterbrot mit Malvenblüten.
Einige Kräuter können gut mitgegart werden, wie Quendel oder Dost. Sie entfalten sogar ihr Aroma erst dann.

Der Klassiker für rohen Bärlauchgenuss: Pesto.

Welche Mengen sind verträglich?

Beim Genuss roher Wildpflanzen sind die Vorlieben und die Verträglichkeit individuell verschieden. Sind Sie ein Neuling in Sachen Wildkräuter, dann versuchen Sie zunächst mal ein Blättchen. Denn rohe Kräuter können bei empfindlichen Personen ein Kribbeln im Mund oder in seltenen Fällen allergische Reaktionen hervorrufen. Auch wenn Sie die Bitterstoffe nicht gewohnt sind und der Darm mit einem Grummeln reagiert, verwenden Sie etwas weniger.

Gemüse oder Würzzutat?

Ausgesprochenes Wildgemüse sind Brennnessel, Giersch, Guter Heinrich und Löwenzahn. Diese Pflanzen können Sie gelegentlich auch mal in größeren Mengen essen. Die meisten Wildkräuter jedoch wie etwa Scharbockskraut, Gundermann, Wiesenknopf oder Schafgarbe verwenden wir eher sparsam. Bei manchen wie Sauerampfer ist der Verzehr größerer Mengen wegen des Gehalts an Oxalsäure nicht empfehlenswert. Ausführliche Angaben dazu finden Sie in den Pflanzensteckbriefen. Es empfiehlt sich generell, die Kräuter abzuwechseln und das richtige Maß zu finden. Nutzen Sie sie als Würze und Zutat, nicht als vollständige Mahlzeit. Eine bis zwei Hände voll Kräuter genügen für vier Portionen.

Blüten und Samen

Rezepte mit Blüten sind ein ästhetischer Genuss, schließlich isst das Auge mit. Ein Blattsalat mit violetten Malvenblüten, Schokopudding mit blühendem Gundermann, ein Dessert mit Löwenzahnblüten sehen einfach toll aus. Verwenden Sie auch die Samen. Eine Dose mit getrockneten Nachtkerzensamen oder Brennnesselfrüchten ist immer gut, um sie über das Müsli zu streuen oder in den Brotteig zu rühren.

Welche Küchenausstattung?

Die wichtigsten Utensilien für eine gelungene Wildkräuterküche sind eine Pflanzenschere, ein gutes Messer und ein Schneidebrett. Optimal ist ein hochwertiges Küchenmesser mit breiter Klinge und einer Länge, die Ihnen entspricht. Es sollte gut in der Hand liegen. Damit lassen sich die Kräuter grob oder sehr fein schneiden. Die Anschaffung lohnt sich, nicht nur für die Kräuterküche.
Wer möchte, benutzt ein Wiegemesser. Ein Steinmörser ist eine gute Ergänzung, wir benutzen ihn gerne. Beim Zerstoßen der Blätter oder Samen steigen die Aromen in die Nase. Etwas grobes Meersalz dazu und ein Schuss gutes Öl – und fertig ist eine einfache Würzpaste.

Mit einem Wiegemesser zerkleinern Sie die Kräuter schnell und aromaschonend.

Außerdem benötigen Sie für die Herstellung von Smoothies einen Stand- oder Stabmixer. Auch die Anschaffung einer Gewürzmühle lohnt sich. Sie können Samen oder grobes Kräutersalz damit mahlen. Zum Aufbewahren brauchen Sie Schraubgläser, hübsche Flaschen und Dosen.

Kräuter konservieren

Im Sommer stehen die Kräuter voll im Saft und enthalten die meisten Inhaltsstoffe. Oft sind sie im Überfluss vorhanden. Was tun? Was Sie jetzt nicht verbrauchen, können Sie haltbar machen, um im Winterhalbjahr von den gesunden Vorräten zu profitieren. Verwenden Sie zum Trocknen oder Einlegen nur einwandfreie Pflanzen, ohne Flecken, Insekten oder Fraßspuren. Die Kräuter vorher möglichst nicht waschen.

Schafgarbenblüten werden hier auf einem luftigen Korbtablett getrocknet. Ein paar trockene Sommertage genügen, dann sind sie haltbar.

Trocknen

Binden Sie die abgeschnittenen Zweige zu lockeren Sträußen und hängen Sie diese für eine kurze Trockenzeit kopfunter an einem schattigen, luftigen Ort auf. Am besten ist ein Platz mit sanftem Luftzug, beispielsweise an einem gekippten Fenster oder in einem Schuppen. Lose Blätter und Blüten trocknen Sie am besten ausgebreitet auf einem Tablett mit einem sauberen Geschirrtuch oder Küchenkrepp.

Zum Trocknen von Kräutern im großen Stil lohnt sich die Anschaffung von Holzrahmen, die mit einem Gitter bespannt sind, oder eines Dörrapparates. Hier werden die Blüten und Blätter von Luft durchströmt. Die meisten Kräuter sind nach etwa drei bis fünf Tagen trocken. Wenn man sie mit den Fingern berührt, rascheln sie. Füllen Sie die Trockenware unzerkleinert in Schraubgläser. Gut verschlossen und dunkel aufbewahrt sind sie ein Jahr haltbar. Auf diese Weise können Sie einen Vorrat für Würzmischungen, Tees, Kräutersalze und vieles mehr für den Winter anlegen.

Dost, Thymian, Wiesenknopf, Malvenblüten, Schafgarbenblätter und -blüten sowie Brennnesseln lassen sich sehr gut trocknen. Auch getrocknete Samen von Brennnesseln, Knoblauchsrauke oder Nachtkerze eigenen sich für die Vorratshaltung.

Einlegen und Einfrieren

Richtiges Konservieren verhindert, dass sich Fäulnisbakterien entwickeln und die Kräuter verderben. Dafür gibt es einige altbewährte Methoden. Wichtig ist es, immer saubere Gläser zu verwenden, hygienisch zu arbeiten und die Kräuter so einzulegen, dass sie nicht mit Luft in Berührung kommen. Kräuter sind lange Zeit haltbar, wenn sie in Öl, Essig oder Alkohol eingelegt werden. Stellt man die Flaschen an einen warmen Ort, aber nicht in die pralle Sonne, gehen die wertvollen Inhaltsstoffe und Aromen in die Flüssigkeit über. Sie können damit würzige Kräuteröle, -essige oder Liköre für Ihre Wildkräuterküche herstellen. Auch Salz und Zucker sind seit alters her gute natürliche Konservierungsstoffe. Ein schöner Nebeneffekt: Solche Kräuter-Köstlichkeiten sind auch nette Mitbringsel.

Auch das Einfrieren ist eine gute Methode, um Kräuter haltbar zu machen. Vitamine und Mineralstoffe bleiben dabei weitgehend erhalten. Zum Frosten sollten die Blätter und Triebe ganz trocken sein. Schneiden Sie die Kräuter klein und füllen Sie sie in Vorratsgefäße, aus denen man sie später portionsweise entnehmen kann. Natürlich kann man Kräuter und Blüten auch in Eiswürfeln einfrieren, was besonders in kühlen Sommergetränken willkommen ist. Blüten von Gänseblümchen, Gundermann oder Walderdbeeren eignen sich dafür.

Im Kräuteröl oder Kräuteressig ist die ganze Kraft des Sommers eingefangen.

WILDPFLANZEN

VON BÄRLAUCH BIS SCHAUMKRAUT

Neugierig geworden? Auf den folgenden Seiten stellen wir 25 ausgewählte Wildpflanzen vor. Wir beschreiben ihren natürlichen Standort und Wuchs sowie ihre Eigenschaften als Vitalstoffspender, ergänzt um viele Rezepte.

Die Rezepte sind für vier Portionen berechnet.

Von der Pflanzanleitung bis zur Verwendung in der Küche erfahren Sie alles für Ihren Einstieg in die Wildkräuterpraxis.

Bärlauch

Allium ursinum

Bärlauch gehört zu den Top Ten der Wildkräuter, denn er ist die erste Pflanze, die uns am Ende des Winters nicht nur mit jeder Menge Vitaminen und Vitalstoffen versorgt, sondern auch die Zutat für ausgesprochen leckere Gerichte wie Quiches oder Pesto liefert.

In der Natur

Der mehrjährige Bärlauch gedeiht gut in humosen Lehm- und Tonböden, in feuchtem, lichten Laubwald. Aus den länglichen weißen Zwiebelchen sprießen ab Februar die sattgrünen, lanzettlichen Blätter. Im Mai bis Juni treiben die Blütenstängel mit vielen weißen Sternchenblüten. Wenn die schwarzen Samenkörner im Juli reifen, ist die Entwicklung abgeschlossen. Die Blätter welken und die Pflanze zieht vollkommen ein. Bärlauch vermehrt sich durch Samen. Diese brauchen sehr lange, um zu keimen.

In Topf und Garten

BRAUCHT lehmige Erde mit viel Humus, die leicht feucht ist. Keine dauerpralle Sonne; als Waldpflanze liebt er Schatten und Halbschatten.

GEDEIHT als Kübelpflanze und natürlich noch besser im Garten. Die Töpfe sollten groß genug sein, denn die Zwiebeln dürfen nie ganz austrocknen.

WOHER? Im Frühjahr bieten viele Gärtnereien Töpfe mit Setzlingen an. Nachbarn, in deren Gärten Bärlauch wächst, geben sicher kleine Pflänzchen ab. In der Natur können Sie nach der Blüte im Mai Samen sammeln.

Erntezeit: Febr., März, April, Mai

(Jan. · **Febr.** · **März** · **April** · **Mai** · Juni · Juli · August · Sept. · Okt. · Nov. · Dez.)

Anbauen

GARTEN: Pflanzen Sie Bärlauch an eine Stelle, wo sich keine Maiglöckchen befinden, um eine Verwechslung auszuschließen. Ein guter Platz ist unter einem laubabwerfenden Baum oder einer Hecke. Am besten setzen Sie die jungen Pflänzchen im zeitigen Frühjahr, wenn sie gerade austreiben. Auch der Juni, wenn die Blätter welken, ist ein guter Zeitpunkt. Die Erde sollte gut gelockert und mit Kompost angereichert sein. Setzen Sie die Pflanzen so ins Erdreich, dass die Zwiebelchen etwa 15 cm tief liegen. Danach können Sie den Bärlauch getrost sich selbst überlassen. Nach einer Anlaufzeit von ein bis zwei Jahren, in der er sich noch zurückhält, breitet er sich durch Selbstaussaat aus und bildet bald dichte Bestände.

BALKON UND TERRASSE: Füllen Sie einen Topf oder Kasten, der mindestens 20 cm tief ist, mit humoser, nährstoffreicher Erde. Setzen Sie die Pflänzchen tief genug, siehe oben, und drücken Sie sie fest. Wenn Sie Bärlauch im Frühjahr pflanzen, halten Sie ihn feucht. Bei einer Sommerpflanzung gießen Sie nur wenig und gönnen Sie dem Topf danach sein Ruhehalbjahr an einem schattigen Platz. Auf einem Stadtbalkon mag ein Topf mit verwelkter Bärlauchkultur im Sommer verschenkter Platz sein. Unser Tipp: Setzen Sie Bärlauch als Unterpflanzung in einen Kübel mit einem kleinen Obstgehölz oder Rosenstämmchen. Im Frühjahr profitieren Sie von den grünen Blättern, und wenn der Bärlauch verwelkt, sieht das Gehölz dekorativ aus.

PFLEGE: Im Garten ist keinerlei Pflege nötig, Bärlauch kümmert sich um sich selbst. Im Topf ist es sinnvoll, im Mai oder Juni etwas Kompost nachzufüllen. Nach der Blüte nur noch sehr wenig gießen, aber nicht völlig austrocknen lassen.

VITAL-TIPP

Bärlauch-Frühlingskur

Um den Organismus im Frühjahr in Gang zu bringen und die Blutgefäße zu reinigen, empfehlen wir Ihnen eine Kur mit Bärlauch. Dazu verwenden Sie drei bis vier Wochen lang täglich 10–15 Blätter als Zutat zu Ihrem Essen, beispielsweise auf Brot, in Kräuterquark oder im Auflauf.

Verwenden Sie die Blätter möglichst frisch, beim Trocknen geht ein Teil der Wirkstoffe verloren.

Frühlingskraft Bärlauch

Bärlauchblätter enthalten wertvolle Schwefelverbindungen, die Allicine. Sie sind für die Allium-Arten, Lauchgewächse, typisch. Dazu kommen Vitamin C, Flavonoide, ätherische Öle und Mineralien. Die Schwefelverbindungen wirken als natürliche Antibiotika, sie können Erkältungen vorbeugen und dazu beitragen, dass Sie gesund durch das infektreiche frühe Frühjahr kommen. Außerdem aktivieren sie die Tätigkeit von Leber und Galle und führen zu einer stärkeren Abgabe von Verdauungssäften. Dadurch wirkt die Pflanze wohltuend auf Magen und Darm und hilft bei Blähungen. Bärlauch regt aber nicht nur den Stoffwechsel an, sondern schützt auch vor Gefäßverkalkungen. Untersuchungen haben gezeigt, dass die Blätter bestimmte Inhaltsstoffe enthalten, die den Blutdruck senken. Die Blutzirkulation wird verbessert.

IN DER KÜCHE

Essbar sind Blätter, Blüten, Zwiebeln und die noch weichen Samenkörner. Die Blätter schmecken am besten bis zum Blühbeginn. Sie lassen sich vielseitig in der Küche verwenden, ob frisch, gekocht oder getrocknet als Bärlauchsalz. Klein geschnitten passen sie gut zu Kräuterquark, Salaten, in Aufläufe, Quiches oder Sahnesüppchen. Bärlauchpesto ist einfach zuzubereiten und ein beliebter Klassiker. Gerichte mit Bärlauch sehen einfach schön aus – frisch, grün und knackig. Die Blätter lassen sich problemlos eine Zeitlang aufbewahren. In einem Vorratsbehälter im Kühlschrank bleiben sie gut eine Woche lang frisch.

KÜCHEN-TIPP

Bärlauchblätter nicht pürieren ...
... sondern lieber sehr fein schneiden oder durch den Fleischwolf drehen. Denn beim Pürieren werden alle Blattzellen geöffnet und die blutdrucksenkenden Wirkstoffe mit einem Schlag freigesetzt. Zu viel davon kann zu Kreislaufproblemen führen.

Bärlauch-Butter

- 30 g Bärlauch
- 250 g Butter, zimmerwarm
- 1 Prise Salz

Die Bärlauchblätter waschen, dann gut trocken tupfen und fein hacken. Wenn die Butter weich genug ist, mit dem Handrührgerät verrühren, den Bärlauch und das Salz untermischen. Die Bärlauch-Butter auf ein Stück Frischhaltefolie oder Backpapier geben, zu einer Rolle formen und kühl stellen.

Sie können der Butter mit etwas fein abgeriebener Zitronenschale noch eine frische Note verleien. Bärlauch-Butter lässt sich gut einfrieren.

Graupenrisotto mit Bärlauch

- 1 Zwiebel
- etwas Öl zum Dünsten
- 400 g Graupen
- 700 ml kräftige Brühe
- 100 ml Weißwein
- 100 g alter Bergkäse
- 15 Bärlauchblätter
- 100 ml Sahne
- Salz, Pfeffer aus der Mühle

Die Zwiebel schälen, fein würfeln und im Öl goldgelb andünsten. Die Graupen mit kaltem Wasser abspülen und zu den Zwiebelwürfeln geben. Nochmals kurz andünsten, mit einem Teil der Brühe ablöschen und bei niedriger Temperatur köcheln lassen. Gelegentlich umrühren, nach und nach Brühe und Wein zugeben.

Den Käse reiben, die Bärlauchblätter waschen und fein hacken. Nach etwa 20–25 Minuten den Käse und die Sahne zugeben, nochmals einige Minuten ziehen lassen. Am Schluss die gehackten Bärlauchblätter in das Risotto rühren und mit Salz und Pfeffer abschmecken.

★ Das Graupenrisotto passt sehr gut zu Fisch. Mit einem Salat ist es eine leckere vegetarische Hauptspeise. Falls etwas übrig bleibt, formen Sie daraus am nächsten Tag Bratlinge und backen Sie sie in einer Pfanne aus.

★ Anstelle von Sahne kann man entsprechend mehr Wein oder Brühe verwenden.

Bärlauch-Pesto

- 100 g Bärlauch
- 1 Knoblauchzehe
- 5 EL Sonnenblumenkerne
- 20 g Parmesan
- 200 ml Raps- oder Olivenöl
- Salz, Pfeffer aus der Mühle

Bärlauchblätter waschen und trocken tupfen. Den Knoblauch schälen und durchpressen. Bärlauch und Sonnenblumenkerne fein hacken, mörsern oder durch den Fleischwolf drehen. Den Parmesan reiben.

Alles gut mit Öl, Salz und Pfeffer verrühren, in Gläser füllen und mit Öl bedecken. Bärlauchpesto passt zu Nudeln, zu kurz gebratenem Fleisch, zu Kartoffelgerichten und eignet sich sehr gut als Brotaufstrich.

★ Sehr lecker schmeckt das Pesto auch mit jungen Gierschblättern, mit Knoblauchsrauke oder mit gemischten Wildkräutern. Wenn Sie das Pesto aufbewahren wollen, füllen Sie es in mit kochendem Wasser gereinigte Gläser mit Schraubverschluss und fügen Sie zum Schluss 2–3 Esslöffel Öl hinzu, so dass die Kräuter komplett bedeckt und vor Sauerstoffkontakt geschützt sind.

Brennnessel

Urtica dioica

Wenn wir einen **Sieger** unter den heimischen Superfoods ausloben müssten, wäre es die Brennnessel! Von Mineralstoffen über Vitamine bis zu **ungesättigten Fettsäuren** enthält die Pflanze fast alles, was man im Frühjahr braucht, um fit zu werden. Seit alters her nutzen die Menschen sie als **Medizinpflanze** und Wildgemüse.

In der Natur

Brennnesseln wachsen gerne hinterm Stall, beim Misthaufen oder Kompost sowie am Wegrand oder auf Schutthalden. Sie gelten als Stickstoffanzeiger. Brennnesseln wurzeln flach. Durch weitläufige, unterirdische Ausläufer sowie durch Samen verbreiten sie sich schnell und sind deshalb bei Gärtnern nicht gut angesehen. Dabei gehören Brennnesseln zu den wertvollen Schmetterlingspflanzen. Über 30 verschiedene Arten, darunter Tagpfauenauge, Kleiner Fuchs oder Admiral, nutzen sie als Kinderstube zur Raupenaufzucht. Lassen Sie daher ein paar Pflanzen im Garten stehen! Übrigens sind Brennnesseln zweihäusig, das heißt, es gibt Pflanzen mit weiblichen und solche mit männlichen Blüten. Die Früchte der weiblichen Pflanzen nennt man Nüsschen. Oft werden sie fälschlicherweise als Samen bezeichnet.

In Topf und Garten

BRAUCHT einen nährstoffreichen, leicht feuchten Boden.

GEDEIHT in Sonne und Halbschatten.

WOHER? Brennnesseln findet man fast überall. Fragen Sie bei Ihrem Gartennachbarn nach Ablegern zum Ausgraben.

Erntezeit

Jan. Febr. März April Mai Juni Juli August Sept. Okt. Nov. Dez.

Keine Angst vor Berührung – mit Handschuhen sind Brennhaare kein Problem.

Anbauen

GARTEN: Wenn die Pflanzen in Ihrem Garten noch nicht vorkommen, können Sie Brennnesseln in einer abgelegenen Ecke ansiedeln, beispielsweise beim Kompost oder neben einem Laub- oder Totholzhaufen. Um den Brennnesselplatz zu umgrenzen, graben Sie rings herum eine Rhizomsperre ein. Füllen Sie etwas Kompost auf und pflanzen Sie die Ausläufer im zeitigen Frühjahr, wenn die Pflanze beginnt auszutreiben. Am Anfang feucht halten.

BALKON UND TERRASSE: Eine Kultur der Brennnessel im Kübel ist möglich, dieser sollte aber mindestens 10 l Inhalt fassen. Füllen Sie ihn mit nährstoffreicher Erde. Sie können Brennnesseln auch durch Samen anziehen (Lichtkeimer) oder durch Kopfstecklinge im Sommer.

PFLEGE: Für die Topfkultur gilt: Ab und zu Mistkompost oder organischen Langzeitdünger hinzufügen. Durch regelmäßiges Schneiden fördert man den Neuaustrieb. Alle drei bis vier Jahre sollten Sie die Staude teilen und verpflanzen.

Mineralstoffwunder Brennnessel

Brennnesselblätter enthalten eine beträchtliche Menge Mineralstoffe, vor allem Kieselsäure und Kalium, sowie Magnesium und Eisen. Außerdem sind sie reich an Vitaminen, Carotinoiden und Chlorophyllen – hier übertrifft die Brennnessel Kopfsalat um ein Vielfaches. Durch ihren hohen Vitamin-C-Gehalt stärkt sie die Abwehrkräfte. Weitere Inhaltsstoffe sind Cumarine, Flavonoide und in den Brennhaaren kleine Mengen an Histamin. Die Früchte enthalten Schleimstoffe, fettes Öl, Carotinoide, viel Linolsäure und Vitamin E. Brennnesseln wirken harntreibend: Die Harnsäure wird vermehrt ausgeschieden, der Stoffwechsel angeregt. Traditionell verwendet man die Brennnessel als Heilkraut bei rheumatischen Beschwerden. Sie wirkt entzündungshemmend, macht die Gelenke wieder geschmeidig und unterstützt allgemein die Beweglichkeit. Eine Brennnessel-Kur im Frühjahr, beispielsweise mit einem Tee aus frischen oder getrockneten Blättern, steigert die körperliche Vitalität.

GARTEN-TIPP

So brennt es nicht

Packen Sie die Blätter immer fest an, und zwar vom Blattgrund in Richtung der Blattspitze. So können Sie die lästigen Brennhaare überlisten.

IN DER KÜCHE

Essbar sind junge Blätter, Früchte und Wurzeln. Brennnesselblätter schmecken herzhaft nussig. Sie werden wie Spinat zubereitet und passen sehr gut zu Suppen, in Aufläufe und Quiches. Um ihre grüne Kraft auszukosten, verwendet man sie gerne roh, aber nicht unbearbeitet, das wäre unangenehm. Um die Brennhaare unschädlich zu machen, zerdrücken Sie die Blätter mit einem Wellholz oder hacken Sie sie sehr fein. Im Mörser zerstoßen Sie die klein geschnittenen Blätter mit grobem Meersalz und Knoblauch zu einem Würzsalz. Brennnesselfrüchte sind lecker auf dem Butterbrot, im Müsli, Brotteig oder in Bratlingen. Blätter und Früchte lassen sich für den Wintervorrat gut trocknen.

KÜCHEN-TIPP

Naturmüsli für unterwegs
Pflücken Sie ein paar Brennnesselfrüchte am Wegrand. Sie schmecken nussig und bringen verbrauchte Energie zurück.

Brennnesselchips

- 100 g Dinkelmehl
- 1 Ei
- 100 ml Milch
- 1–2 EL Mineralwasser
- ½ TL Salz
- 25–30 Brennnesselblätter mit Stielen
- Öl zum Ausbacken

Aus Mehl, Ei, Milch, Mineralwasser und Salz einen glatten Teig rühren. Die Brennnesselblätter am Stiel anfassen, durch den Teig ziehen und in einer Pfanne im heißen Öl ausbacken.

Auf Küchenkrepp abtropfen lassen und sofort servieren. Brennnesselchips essen auch Kinder sehr gern.

★ Backen Sie die Brennnesselblätter ohne Teig einfach in heißem Öl aus und bestreuen Sie sie mit Kräutersalz.

Energiemüsli mit Brennnesselfrüchten

- 1 Birne
- 100 g feine Haferflocken
- 400 g Joghurt
- 100 ml Milch
- 50 g Sonnenblumenkerne
- 50 g Walnüsse, gehackt
- 30 g getrocknete Heidelbeeren
- 1–2 EL Honig
- 2 EL Brennnesselfrüchte

Die Birne waschen, entkernen und in kleine Würfel schneiden. Haferflocken, Joghurt und Milch miteinander verrühren. Die Sonnenblumenkerne, die Walnüsse, die Heidelbeeren und die Birnenwürfel dazugeben.

Das Müsli mit dem Honig abschmecken und die Brennnesselfrüchte darüberstreuen.

★ Variieren Sie das Müsli nach Belieben mit anderem Obst, je nachdem, was die Saison gerade bietet.

Bunte Gemüseterrine mit Brennnesseln

- 500 g Gemüse (z. B. Paprika, Zwiebeln, Zucchini)
- Öl zum Andünsten
- 2 Handvoll frische, junge Brennnesselblätter
- 6 Eier
- 400 g Schmand
- Salz, Pfeffer aus der Mühle

Gemüse je nach Sorte schälen oder waschen und in Streifen oder Würfel schneiden. Kurz in heißem Öl andünsten. Den Backofen auf 180 °C .

Die Brennnesselblätter klein hacken. Eier, Sahne und Schmand verquirlen und mit Salz und Pfeffer würzen. Die Gemüsestreifen und die Brennnesseln untermischen und alles in eine mit Backpapier ausgelegte Kastenform füllen.

Ein tiefes Backblech mit Wasser füllen und in den vorgeheizten Ofen schieben. Die Kastenform auf das Backblech stellen und die Terrine 30–40 Minuten im Wasserbad garen, bis sie fest ist.

Zum Servieren die Terrine mit dem Backpapier herausnehmen und auf einer Platte in Stücke schneiden. Man kann sie warm oder kalt auf einer Platte anrichten.

- Diese Gemüseterrine ist sehr vielseitig: Als Vorspeise, zum Brunch oder zum Abendessen mit Brot oder auf einem kalten Buffet.
- Sie können die Terrine auch mit etwas Curry- oder Kurkumapulver würzen.

FRÜHLINGSGENÜSSE

Wildkräutersalat mit pochiertem Ei

- 4 Handvoll Wildkräuter, z. B. Löwenzahn, Pimpinelle, Sauerampfer, Giersch, Knoblauchsrauke, Wiesenlabkraut oder junge Meerrettichblätter
- 2 EL Apfelessig
- 4 EL Rapsöl
- ½ TL milder Senf
- Salz, Pfeffer aus der Mühle
- 1 TL Tannenhonig
- 2–3 EL Apfelsaft
- 4 Eier
- 1 Handvoll essbare Blüten, z. B. Gänseblümchen, Gundermann, Wiesenschaumkraut oder Löwenzahn

Die Wildkräuter in Stücke zupfen. Aus Essig, Öl, Senf, Salz, Pfeffer, Honig und Apfelsaft eine Marinade rühren. Salzwasser in einem Topf zum Kochen bringen, Temperatur reduzieren. Jedes Ei einzeln in eine Tasse aufschlagen und langsam in das heiße Wasser gleiten lassen. 5 Minuten ziehen lassen.

Zwischenzeitlich den Wildkräutersalat mit der Marinade mischen und auf einer Platte oder auf vier Tellern anrichten. Die Eier mit einem Schaumlöffel vorsichtig aus dem Wasser heben, abtropfen lassen und auf dem Salat anrichten. Zum Schluss den Salat mit den Blüten garnieren.

Frühlings-Drink

Kräuter-Blüten-Limo

- 2 EL Ahornsirup
- 1 EL Weißweinessig
- 1 Messerspitze Natron
- 1 Bio-Zitrone
- 2 Handvoll Frühlingsblüten von Gundermann, Löwenzahn, Goldnessel und Gänseblümchen

1 l Wasser mit dem Ahornsirup, dem Essig und dem Natron verrühren. Die Zitrone waschen, in Scheiben schneiden und mit den Blüten in die Limo geben, umrühren und eine Stunde kühl stellen. Mit Eiswürfeln ein schöne Erfrischung an heißen Tagen.

Frühlings-Drink

- 1 Apfel
- 1 Handvoll Wildkräuter, z. B. Löwenzahn, Brennnessel, Scharbockskraut, Gundermann, Vogelmiere
- 500 ml Buttermilch
- etwa 1 EL flüssiger Honig

Den Apfel waschen, vom Kerngehäuse befreien und in Stücke schneiden. Die Wildkräuter klein schneiden. Apfel, Wildkräuter und 200 ml Buttermilch in einen Mixer geben und mixen. Die restliche Buttermilch dazugießen und den Drink mit Honig abschmecken.

Blüten-Eiswürfel

- 1 Handvoll Frühlingsblüten von Gundermann, Löwenzahn, Goldnessel und Gänseblümchen

Die Blüten in Eiswürfelbehälter geben und mit Wasser übergießen, anschließend im Gefrierfach gefrieren lassen. Ein Hingucker im Mineralwasser oder in klaren Aperitifs.

Dost, Wilder Majoran

Origanum vulgare

Als Pizzagewürz eroberte Oregano die Welt. Die Pflanzenfamilie, zu der Oregano und Majoran gehören, umfasst über 40 Arten und noch mehr Sorten. Eine Art ist der bei uns heimische Wilde Majoran oder Dost. Schon Hildegard von Bingen verehrte das Kraut, das sowohl als Heilpflanze als auch zum Würzen vielseitig verwendbar ist.

In der Natur

Die ausdauernde Staude wächst auf Kies- und Schotterflächen, in Weinbergen, auf Böschungen, im felsigen Gebirge oder im Saum von Gehölzen. Dost hat einen reich verzweigten Wurzelstock mit verholzenden Ausläufern. Er wächst aufrecht und wird bis 50 cm hoch. Die Blättchen sind wie beim Quendel mit Öldrüsen besetzt. Von Juli bis September blüht Dost. Seine hübschen rosa-weinroten Blüten locken Scharen von Schmetterlingen an. Tagpfauenauge oder Kleinen Fuchs auf den Blüten zu beobachten, ist ein Erlebnis.

In Topf und Garten

BRAUCHT einen warmen, voll-sonnigen Standort mit magerem, durchlässigem Boden.

GEDEIHT im Garten wie auf dem Balkon. Der Dost wächst gut in einem Steingarten, auf einer Mauerkrone oder in einer Kräuterspirale. Er gedeiht sogar auf einem extensiven Gründach mit nur geringer Substratauflage. Als eine der wenigen Wildpflanzen hält sie sogar der Sonneneinstrahlung auf einem exponierten Südbalkon stand.

WOHER? Die meisten Gärtnereien haben Dost im Angebot. Achten Sie auf die genaue lateinische Bezeichnung, denn unter dem Namen *Origanum* werden viele verschiedene Arten und Sorten angeboten.

Erntezeit

Jan. Febr. März April Mai **Juni Juli August Sept.** Okt. Nov. Dez.

Anbauen

GARTEN: Magern Sie den Boden vorher mit Sand, Schotter oder Kies ab. Dost liebt die Wärme. An einem sonnig-warmen Platz, wo die Erde ringsherum nach einem Regen schnell abtrocknet und die Steine Sonnenwärme einfangen, produziert Dost seine ätherischen Öle. In einem feuchten, dicht bepflanzten, schattigen Staudenbeet wird er das nicht in diesem Ausmaß tun. Die Pflanze kann auch dort kultiviert werden, ist aber dann weniger aromatisch.

BALKON UND TERRASSE: Ein Anbau auf Südbalkonen ist möglich, nehmen Sie aber ein ausreichend großes Gefäß. Mischen Sie unter die Erde etwa ein Drittel Sand oder Lavagranulat, damit das Wasser gut abfließt, denn Dost mag keine nassen Füße. Die Anzucht aus Samen gelingt gut. Säen Sie im Frühjahr in Saatschalen auf der warmen Fensterbank aus. Die Samen nur leicht bedecken und gut feucht halten.

PFLEGE: Schneiden Sie die Staude im Frühling bis auf eine Handbreit über dem Boden zurück, sonst ist keine Pflege nötig. Dost kann man gut durch Wurzelteilung vermehren.

GARTEN-TIPP

Schöne Kräuterbuschen

Die getrockneten Blütenstängel sehen sehr attraktiv aus. In katholischen Gegenden wird Dost zusammen mit anderen Heilkräutern an Maria Himmelfahrt, dem 15. August, in die traditionellen Kräuterbuschen gebunden.

Aromatischer Dost

Dost enthält ähnliche Komponenten wie Quendel oder Thymian. Ein wichtiger Wirkstoff ist ätherisches Öl, hauptsächlich Carvacrol und Thymol. Dazu kommen Flavonoide, Gerb- und Bitterstoffe und Rosmarinsäure. Wie Quendel wirkt auch Dost desinfizierend. Die antibakterielle Wirkung von Carvacrol wurde wissenschaftlich nachgewiesen. In der erkältungsintensiven Zeit kann ein Tee aus Dost heilsam sein und die Immunkräfte steigern. Dazu kommt eine mild schleimlösende und krampflösende Wirkung. Schon Hildegard von Bingen empfahl Dost als Hustentee und bei Unterleibsbeschwerden. Aufgrund der leichten Bitterstoffe eignet sich Dost auch als Appetitanreger und fördert die Verdauung von schweren Speisen.

IN DER KÜCHE

Essbar sind die Blätter und Blüten. Dost schmeckt würzig, etwas milder als der mediterrane Oregano und leicht bitter-herb. Man kann die frisch ausgetriebenen Blättchen verwenden, aber besser schmeckt das Kraut, wenn es blüht. Ernten Sie die blühenden Stängel und lassen Sie sie in der Küche etwas antrocknen. So schmeckt Dost intensiver. Man kann ihn sehr gut trocknen und aufbewahren. Bevor man das getrocknete Kraut in die Speisen gibt, zerreibt man es zwischen den Fingern. Das entfaltet sein Aroma. Dost wird gerne mitgekocht. Er passt wunderbar zu Tomatengerichten, auf Pizza, zu Fleisch, Kartoffelgerichten und ins Fladenbrot.

Fladenbrot mit Dost

- 3–4 Stängel blühender Dost
- 750 g Dinkelmehl Type 1050
- 1 Würfel frische Hefe
- 5 EL Olivenöl
- 2 TL Salz
- 200 g Kirschtomaten

Dostblätter und -blüten von den Stängeln abstreifen und fein hacken. 500 ml lauwarmes Wasser mit dem Mehl, der Hefe, 3 Esslöffeln Olivenöl und Salz mischen und mit dem Handrührgerät zu einem geschmeidigen Teig verarbeiten. Den Teig an einem warmen Ort etwa 1 Stunde gehen lassen.

Den Backofen auf 200 °C vorheizen. Anschließend den Teig nochmals kurz kneten und in vier Portionen teilen. Jede Portion zu einem Fladen ausrollen oder mit den Händen flach drücken.

Die Fladen auf ein mit Backpapier belegtes Backblech legen und mit dem restlichen Öl bestreichen. Mit dem Finger kleine Vertiefungen hineindrücken. Die Kirschtomaten ganz lassen und in die Vertiefungen legen. Die Fladen salzen und den Dost darüberstreuen. Im vorgeheizten Ofen etwa 30 Minuten goldbraun backen. Zum frischen Fladenbrot passt ein Blattsalat.

Hackfleisch-Feta-Pfanne mit Dost

- 1 Zwiebel
- 1 Knoblauchzehe
- ½ Peperonischote
- 3 feste Tomaten
- 250 g geschälte Tomaten aus der Dose
- 6 Stiele blühender Dost
- 250 g Pfifferlinge
- 2 El Kokosöl
- 500 g Rinderhackfleisch
- 100 ml trockener Rotwein
- 1 TL Paprika edelsüß
- Salz, Pfeffer aus der Mühle
- 100 g Fetakäse

Zwiebel und Knoblauch schälen und zusammen mit der Peperoni fein würfeln. Die Tomaten vom Stielansatz befreien und würfeln, die Dosentomaten würfeln. Den Dost fein hacken, die Pfifferlinge putzen und eventuell teilen.

Knoblauch und Zwiebeln im Kokosöl anbraten, das Hackfleisch zugeben und gut durchbraten. Tomaten, Rotwein, Dost und Pilze zum Hackfleisch geben und untermischen. Alles etwa 20 Minuten dünsten. Mit Paprika, Pfeffer und Salz abschmecken. Den Fetakäse würfeln. Die Hälfte davon unterheben und den Rest über das Gericht geben.

Tomaten-Zucchini-Quiche mit Dost

FÜR DEN TEIG:

- 200 g Dinkelmehl Type 630
- 125 g Butter, kalt
- 1 TL Salz

FÜR DEN BELAG:

- 500 g Tomaten
- 4–5 Stängel Dost
- 3 Eier
- 200 ml Sahne
- Salz, Pfeffer aus der Mühle
- 1 kleine Zucchini

Das Mehl mit der Butter, 4 Esslöffeln Wasser und Salz zu einem glatten Teig verarbeiten. 30 Minuten kalt stellen.

Für den Belag die Tomaten am Stielansatz kreuzweise einritzen, mit heißem Wasser überbrühen und die Haut abziehen. Dostblätter und -blüten von den Stängeln abstreifen und fein hacken.

Den Backofen auf 200 °C vorheizen.

Die Eier verrühren. Sahne, Tomatenstücke, Pfeffer, Salz und Dost unterrühren. Anschließend den Teig ausrollen, in eine runde Form (28 cm Ø) legen und dabei einen etwa 3 cm hohen Rand formen. Den Belag auf den Teig geben. Die Zucchini in dünne Scheiben schneiden und auf der Quiche verteilen. Im vorgeheizten Ofen etwa 30 Minuten backen.

FRANZOSENKRAUT

Galinsoga ciliata

Das Franzosenkraut stammt ursprünglich aus den Anden Südamerikas und gelangte um 1800 nach Europa. In England, Spanien und Frankreich baute man es zunächst in Botanischen Gärten und als Ackerpflanze an. Napoleonische Truppen sollen es später in ganz Europa verbreitet haben, daher der Name. Heute ist es ein weltweit verbreitetes Unkraut.

In der Natur

Das Franzosenkraut, auch als Zottiges Franzosenkraut bekannt, ist ein typisches Ackerbegleitkraut. Es wächst am Rand von Feldern, in Gärten oder auch am Straßenrand. Die einjährige, wärmeliebende und schnellwüchsige Pflanze aus der Familie der Korbblütler wird 20 cm hoch und hat behaarte Stängel und Blätter. Die Blüten erinnern an winzige Gänseblümchenblüten. Die Pflanze blüht von Juni bis Oktober, ist selbstbestäubend und jedes Exemplar produziert unglaubliche 6000 bis 300 000 Samen, die ganzjährig keimen oder, wenn nötig, bis zu zehn Jahren im Boden überleben können. Die Pflanze vermehrt sich mit bis zu drei Generationen im Jahr. Bei Frost stirbt sie ab. Aber die Samen überdauern und keimen im nächsten Frühjahr. Das Kleinblütige Franzosenkraut, *Galinsoga parviflora*, sieht ähnlich aus, hat jedoch glatte Stängel und Blätter. Beide sind gleich gut verwertbar.

Erntezeit

Jan.	Febr.	März	April	Mai	Juni	Juli	August	Sept.	Okt.	Nov.	Dez.
				●	●	●	●				

In Topf und Garten

BRAUCHT einen sonnenwarmen Standort und einen nährstoffreichen, humosen sandigen Lehmboden.
GEDEIHT in der frostfreien Periode zwischen Mai und November schnell und üppig.
WOHER? Sicherlich können Sie aus einem vorhandenen Unkrautbestand Pflänzchen ausgraben. Franzosenkraut lässt sich sehr gut verpflanzen. Es ist auch möglich, die Samen zu sammeln und auszusäen.

Anbauen

GARTEN: Vielleicht gibt es Franzosenkraut bereits in Ihrem Garten. Das checken Sie am besten im Mai, wenn die Samen aufgelaufen sind. Wenn das nicht der Fall ist, wählen Sie für den Anbau unbedingt eine abgelegene Stelle. Der Boden sollte gut mit Kompost versorgt sein.
BALKON UND TERRASSE: Eine Kultur auf Balkon und Terrasse ist empfehlenswert. So hat man das ausbreitungsfreudige Kraut besser unter Kontrolle. Füllen Sie einen Topf oder einen Balkonkasten mit nahrhafter Balkonerde und platzieren Sie ihn an eine sonnige Stelle. Sie können die Samen ab Mai in Etappen den ganzen Sommer über aussäen. Franzosenkraut ist ein Lichtkeimer.
PFLEGE: Franzosenkraut braucht kaum Pflege. Halten Sie die Pflanzen feucht und schneiden Sie zum Ernten immer die oberen Triebspitzen ab. Je öfter, desto besser. Dann wächst die Pflanze kräftig nach. Um eine Ausbreitung durch Samen zu verhindern, knipsen Sie mit den Fingern die Blütenknöpfe rechtzeitig ab. Entsorgen Sie ausgereifte Samenstände nicht über den Kompost, sondern im Biomüll.

Eisenspender Franzosenkraut

Franzosenkraut enthält viele Mineralien und Vitamine. Vergleicht man es mit Kopfsalat, so hat es fünfmal mehr Magnesium, elfmal mehr Calcium und neunmal mehr Vitamin C. Besonders bemerkenswert ist sein hoher Eisenanteil. Es kann daher als Nahrungsergänzung bei Eisenmangel hilfreich sein. Weitere Inhaltsstoffe sind Kalium, Phosphor, Vitamin A und Mangan. Mangan ist wichtig beim Aufbau von Knochen- und Bindegewebe sowie bei der Regulierung des Kohlenhydrat- und Fettstoffwechsels. In Südamerika braut man traditionell einen Tee aus Blättern, der bei Magenbeschwerden und Darminfektionen helfen soll.

VITAL-TIPP

Sie können die Blätter des Franzosenkrauts gut trocknen. In einem dunklen Schraubglas aufbewahrt, lassen sie sich im Winter als Suppenwürze oder Teekraut verwenden.

IN DER KÜCHE

Essbar sind die Blätter, Blüten und Triebspitzen. Franzosenkraut können Sie in der Küche wie Petersilie verwenden. Nehmen Sie nur junge, weiche Triebe und Blätter. Der Geschmack ist mild, ein bisschen wie grüner Salat. Später, wenn das Kraut in voller Blüte steht, schmecken die Blätter eher herb. Franzosenkraut verwendet man vorzugsweise roh. Man kann es in Salat, Smoothies, Saucen oder als Pesto verwenden. Auch gegart schmeckt es lecker. Sie können es wie Spinat zubereiten. Es passt zu Gemüsegerichten, Suppen und Eintöpfen. In Kolumbien wird es „Guasca“ genannt. Dort ist es ein landesweit bekanntes und beliebtes Gewürz für die traditionelle Hühnersuppe.

KÜCHEN-TIPP

Vitamine und Mineralien im Winter
Im Winter können Sie Franzosenkrautsamen wie Kresse auf der Fensterbank aussäen und die zarten Blättchen ernten.

Fischgulasch

- 40 g Butter
- 40 g Mehl
- 600 ml Fischfond oder Gemüsebrühe
- 100 ml Sahne
- Salz, Pfeffer aus der Mühle
- 500 g Fischfilet (z. B. Forelle)
- Saft von 1 Zitrone
- 1 Handvoll junges Franzosenkraut

Die Butter zerlassen und das Mehl kurz darin anschwitzen. Mit Fond oder Brühe ablöschen und gut verrühren. Die Sahne unterrühren und alles mit Salz und Pfeffer abschmecken.

Fischfilet säubern, mit Salz und Pfeffer würzen und mit Zitronensaft beträufeln. Jedes Filet in vier bis fünf Stücke teilen und in die Sauce geben. 15–20 Minuten darin ziehen lassen. Das Franzosenkraut fein hacken und am Schluss dazugeben. Vorsichtig umrühren und abschmecken.

★ Dazu passen Reis und Gemüse der Saison.

★ Probieren Sie das Rezept auch mal mit der köstlichen Vogelmiere.

Gurkengazpacho mit Franzosenkraut

- 1 kleine Zwiebel
- 2 Salatgurken
- 1 Handvoll junges Franzosenkraut
- 1 EL Olivenöl
- 1 EL Leinöl
- 1 EL weißer Balsamicoessig
- Steinsalz, Pfeffer aus der Mühle

Die Zwiebel schälen und würfeln. Die Gurken waschen und in Stücke schneiden. Das Franzosenkraut hacken. Alles im Mixer pürieren, Öl und Essig zufügen und kurz durchmixen. Dann langsam kaltes Wasser dazugeben (etwa 300 ml), bis die Suppe die gewünschte Konsistenz hat. Mit Salz und Pfeffer abschmecken.

★ Gazpacho stammt ursprünglich aus Andalusien und Südportugal. Die kalte Suppe ist dort im Sommer als erfrischendes, leichtes Mittagessen beliebt. Man kann die Gazpacho auch gut in Gläser füllen und zu einem Picknick für unterwegs einpacken.

Linsen-Paprika-Aufstrich

- 125 g rote Linsen
- 300 ml Gemüsebrühe
- 1 rote Paprikaschote
- 1 Handvoll junges Franzosenkraut
- Currypulver oder gemahlene Kurkuma
- Salz, Pfeffer aus der Mühle

Die Linsen in der Gemüsebrühe nach Packungsanleitung garen. Anschließend mit einer Gabel zerdrücken oder mit dem Pürierstab pürieren. Abkühlen lassen. Die Paprikaschote waschen, putzen und in kleine Würfel schneiden. Das Franzosenkraut fein hacken und einen Teil zum Garnieren beiseitelegen.

Linsen, Paprikawürfel und Franzosenkraut gut miteinander vermischen und zum Schluss mit Curry oder Kurkuma und mit Salz und Pfeffer abschmecken. Etwas von dem gehackten Franzosenkraut darüberstreuen.

Der Brotaufstrich ist eine leckere Bereicherung der vegetarischen Küche und kann gut vorbereitet werden. Reichen Sie ihn als Appetizer zum Beispiel auf gerösteten Baguettescheiben.

Gänseblümchen

Bellis perennis

Fast das ganze Jahr hindurch blüht das Gänseblümchen. Sogar im Winter unter der Schneedecke kann man seine Blättchen ernten. Mit Gänseblümchen können wir selbst Kinder für die Wildkräuterküche gewinnen, denn welcher kleine Esser könnte einem Quarkbrot oder einem Salat mit den hübschen Blüten widerstehen?

In der Natur

Gänseblümchen wachsen in Gärten und Parks, auf sonnigen Wiesen, Weiden und an Wegrändern. Die robuste Staude, die nur zehn Zentimeter hoch wird, ist absolut schnittverträglich und behauptet sich ohne Probleme im Rasen. Ihre immergrüne Blattrosette bleibt das ganze Jahr erhalten. Die Hauptblüte ist zwar im März/April, Gänseblümchen blühen aber von Februar bis November, in warmen Gegenden auch den Winter hindurch.

In Topf und Garten

BRAUCHT einen frischen, nährstoffreichen Boden mit etwas Lehmanteil.

GEDEIHT bevorzugt an einem sonnigen bis halbschattigen Standort. Eine Kultur im Topf oder Balkonkasten gelingt gut.

WOHER? Samen und Pflanzen sind im Handel erhältlich. Achten Sie darauf, die Wildformen zu kaufen, die Zuchtsorten erkennt man an den gefüllten Blüten. Vielleicht können Sie auch bei einem befreundeten Gartenbesitzer einen Ableger ausgraben.

Erntezeit

Jan. | Febr. | März | April | Mai | Juni | Juli | August | Sept. | Okt. | Nov. | Dez.

Anbauen

Bei schönem Wetter öffnen sich die Blüten.

GARTEN: Im Rasen siedeln sich Gänseblümchen oft von alleine an. Wenn Sie einen neuen Rasen anlegen, mischen Sie einfach ein paar Gänseblümchensamen unter. In einer bestehenden Grünfläche können Sie je nach Bedarf kleine Stellen freilegen und Pflänzchen einsetzen.

BALKON UND TERRASSE: Gänseblümchen anzubauen ist einfach, die Samen keimen gut. Da sie Lichtkeimer sind, bedecken Sie sie nur ganz leicht mit Erde. Auch mit einem Ableger gelingt der Anbau problemlos, weil man die Staude sehr gut teilen und versetzen kann. Geben Sie dem Gänseblümchen einen mittelgroßen Topf mit nahrhafter Erde und platzieren Sie es an einer sonnigen bis halbschattigen Stelle. Wenn Sie Gänseblümchen in einem Kasten kultivieren, setzen Sie als Partner eher niedrige Pflanzen dazu. Es verträgt keine Konkurrenz.

PFLEGE: Wenn sie im Gefäß kultiviert wird, halten Sie die Staude gleichmäßig feucht und lassen sie nicht austrocknen. Im Lauf des Jahres einmal Dünger zugeben.

Allrounder Gänseblümchen

Ein Bestandteil von Gänseblümchen sind die Saponine. Sie wirken schleimlösend und helfen bei Erkältungen der Atemwege. Außerdem enthält die Pflanze Gerbstoffe, Bitterstoffe, Flavonoide und geringe Mengen ätherisches Öl. Dadurch wird der Stoffwechsel in Gang gebracht. Kalium, Calcium, Magnesium und Vitamin C sind weitere Inhaltsstoffe dieser kleinen, winterharten Powerpflanze. Im Mix mit anderen winterharten Kräutern empfehlen sich Gänseblümchenblätter als Fitmacher in der kalten Jahreszeit. In der Volksmedizin werden die Pflanzen vielfältig eingesetzt: als fiebersenkendes Mittel, zur Unterstützung der Leber und bei Hauterkrankungen oder äußerlich zur Wundheilung.

GARTEN-TIPP

Gänseblümchen werden auch Schönwetterpflanze genannt. Nur wenn es trocken ist, öffnen sich die Blüten. Sie schließen sich bei Regen und abends, wenn es dunkel wird.

IN DER KÜCHE

Essbar sind die Blätter, Knospen und Blüten. Die jungen Blätter schmecken ähnlich wie Feldsalat, nur etwas süßer. Verwenden Sie die zarten, kleinen Blättchen aus dem Inneren der Rosette. Man mischt sie zusammen mit Löwenzahnblättern oder anderen Wildkräutern unter den Salat. Auch die Knospen und die halb geöffneten Blüten wandern mit in die Salatschüssel. Sie schmecken nussartig und weniger bitter als die bereits geöffneten Blüten. Verwenden Sie das Kraut auch als essbare Garnitur für Fingerfood. Appetithäppchen und Canapés mit Gänseblümchenblüten werden Ihre Gäste überzeugen. Dazu gibt's eine Sommerbowle oder einen Aperitif mit Blüten im Eiswürfel.

Radieschen-Carpaccio mit Gänseblümchen

- 1 Bund Radieschen
- Salz, Pfeffer aus der Mühle
- 1 EL weißer Balsamicoessig
- 2 EL Rapsöl
- 1 Handvoll Gänseblümchenblätter und -blüten

Die Radieschenblätter vom Bund abschneiden, waschen und schöne, frische Herzblättchen zum Garnieren beiseitelegen. Die Radieschen waschen, putzen, in dünne Scheiben hobeln und auf einem großen Teller gleichmäßig verteilen. Mit Salz und Pfeffer würzen und mit Essig und Öl beträufeln.

Zum Schluss die Radieschenblätter mit den Blättern und Blüten vom Gänseblümchen über das Carpaccio geben.

★ Wenn Sie es schärfer mögen, passt auch etwas frisch geriebener Meerrettich zum Carpaccio.

Erdbeerbowle mit Gänseblümchen

- 3 Handvoll kleine Erdbeeren
- 750 ml trockener Weißwein
- 750 ml trockener Sekt
- 1 Handvoll Gänseblümchenblüten
- brauner Zucker nach Bedarf

Die Erdbeeren entstielen und wenn nötig halbieren. In eine Karaffe geben, mit Weißwein auffüllen und im Kühlschrank 2–3 Stunden ziehen lassen.

Anschließend den Sekt und die Gänseblümchenblüten dazugeben und mit dem Zucker abschmecken.

★ Anstelle von Sekt kann man die Bowle auch mit Mineralwasser aufgießen. So erhält man ein leichtes, erfrischendes Sommergetränk. Am besten schmecken die Gänseblümchenblüten, wenn sie noch etwas knospig sind.

Giersch

Aegopodium podagraria

Giersch ist bei Gärtnern unbeliebt, das ist verständlich. Aber als Superfood möchten wir ihn nicht missen. Schon im Mittelalter wurde er in den Klostergärten als Gemüse und Heilpflanze angebaut. Er gehört zu den Doldenblütlern wie Möhre, Petersilie, Pastinake und Sellerie. Die Verwandtschaft kann man an dem kräftigen Aroma erschmecken.

In der Natur

Giersch wächst im lichten Schatten in Gärten und Parks, an Waldrändern, entlang von Wegen, Hecken und Mauern dort, wo der Boden feucht und nährstoffreich ist. Er wurzelt tief und verzweigt. Über seine langen, unterirdischen Ausläufer erobert er das Umfeld schnell und bildet dichte Bestände. Aus jedem Wurzeltrieb erwachsen neue Pflanzen. Aus dem Garten ist Giersch deshalb kaum zu vertreiben. Seine Hauptwachstumszeit ist im Frühjahr. Da treibt er kräftig aus. Aber auch den Sommer über schiebt er laufend neue Blätter nach.

In Topf und Garten

BRAUCHT normalen Gartenboden mit Kompost und einen halbschattigen Platz. **GEDEIHT** auch auf dem Balkon, er benötigt aber einen ausreichend großen Topf. **WOHER?** Einen Wurzelausläufer von Gartennachbarn oder Bekannten zu bekommen, dürfte kein Problem sein.

Erntezeit

Jan. | Febr. | März | April | Mai | Juni | Juli | August | Sept. | Okt. | Nov. | Dez.

Anbauen

GARTEN: Giersch in einen Garten zu pflanzen, wo er noch nicht vorkommt, ist keine gute Idee. Die Frage ist vielmehr, wie man ihn dort, wo er den Garten bereits erobert hat, in Schach hält. Am besten schneiden Sie die frischen Blätter regelmäßig für Ihre Küche ab. Dadurch vermeiden Sie auch die Blüten- und Samenbildung. Ab der Sommermitte verhindert der Schnitt, dass die Kraft in die Wurzeln geht. Das Wachstum der Pflanze wird dadurch gebremst.

BALKON UND TERRASSE: Auf dem Balkon ist Giersch jedoch ohne Wenn und Aber willkommen. Der Anbau ist einfach: Füllen Sie einen Topf mit mindestens 20–30 cm Durchmesser oder einen Kasten, der tief genug ist, mit humoser, nährstoffreicher Erde. Man setzt etwa 10–15 Ableger mit Wurzeln in die Erde und hält den Topf feucht.

Gierschausläufer, die im Garten gejätet werden, können im Balkonkasten weiterwachsen.

PFLEGE: Giersch braucht viel Platz, seine Wurzeln wollen wandern. Verpflanzen Sie daher junge Wurzeltriebe alle ein bis zwei Jahre in einen Topf mit frischer Erde.

Powerpaket Giersch

Giersch enthält in seinen Blättern Vitamin A und C, ätherische Öle und reichlich Mineralstoffe. Mit seinem Gehalt an Kalium, Calcium und Eisen übertrifft er sogar Grünkohl. Dazu kommt Vitamin C – viermal so viel wie in der Zitrone. Sein besonderer gesundheitlicher Wert liegt in seiner entwässernden und harntreibenden Wirkung. Der hohe Mineralstoffanteil fördert den Stoffwechsel und wirkt besonders im Frühjahr nach einem langen Winter entschlackend und ausschwemmend. Außerdem regen die Blätter die Verdauung an. In der Volksheilkunde ist Giersch als Gichtkraut bekannt und verspricht bei Rheuma und Gichterkrankungen Linderung. Bei Blasenentzündungen soll ein Tee mit Giersch wohltuend sein.

GARTEN-TIPP

Wenn Sie Probleme haben, Petersilie im Topf zu ziehen, ist Giersch eine Alternative für den Kräuterbalkon, vorausgesetzt, der Topf ist groß genug.

IN DER KÜCHE

Essbar sind die Blätter, Blüten und Samen. Wir empfehlen, nur die jungen, glänzenden Blätter zu verwenden, die sich gerade entfaltet haben. Sie schmecken sehr aromatisch, nach Petersilie und Möhren. Ältere Blätter sind herb, wir verwenden sie für Limonade. Da uns der Geschmack der frischen Blätter vertraut ist, können Sie Giersch wie Petersilie als vielseitiges Würzkraut für die Alltagsküche verwenden, etwa für Quiches, Gemüsepfannen, Suppen, Brotaufstriche, Kräuterbutter oder in Smoothies. Kombinieren Sie auch Giersch mit Löwenzahn und Knoblauchsrauke zu einem kräftigen Wildkräutersalat.

KÜCHEN-TIPP

Blüten und Samen verwerten
Gierschblüten duften nach Honig, schmecken intensiv und eignen sich als Zutat in einer Blütenbutter. Die Samen kann man in den Brotteig mischen.

Giersch-Creme

- 2 Knoblauchzehen
- 1 Handvoll junge Gierschblätter
- 1 Karotte
- 80 g Semmelbrösel
- 250 g Quark
- 125 ml Sonnenblumenöl
- ½ Zitrone
- 2 EL Honig
- Salz, Pfeffer aus der Mühle

Die Knoblauchzehen schälen und zerdrücken. Die Gierschblätter sehr fein hacken und die Karotte waschen, putzen und fein raspeln. Die Semmelbrösel, den Quark und das Öl dazugeben und miteinander verrühren. Nach Belieben etwa 100–150 ml Wasser hinzufügen. Den Saft aus der Zitrone auspressen und die Creme mit Honig, Zitronensaft, Salz und Pfeffer abschmecken.

Die Giersch-Creme schmeckt sehr gut als Brotaufstrich. Sie ist ein Produkt der Resteküche: Falls Sie noch altes Brot übrig haben, können Sie es zu Semmelbröseln zermahlen und die Creme daraus zaubern.

Giersch-Limonade

Giersch-Sesam-Aufstrich

- 1 Knoblauchzehe
- 50 g junge Gierschblätter
- 100 ml Sonnenblumenöl
- 20 g Sesamkörner
- 30 g Haselnüsse, gehackt
- ½ Zitrone
- Salz, Pfeffer aus der Mühle

Die Knoblauchzehe schälen. Die Gierschblätter zusammen mit dem Knoblauch und dem Öl mit dem Mixstab pürieren. Die Sesamkörner und die gehackten Haselnüsse in einer Pfanne leicht anrösten und beiseitestellen.

Den Saft der Zitrone auspressen. Alle Zutaten gut miteinander vermischen und mit Salz und Pfeffer abschmecken.

★ Der Giersch-Aufstrich schmeckt super zu einem frischen Stangenbrot oder zu Pellkartoffeln. Auch zu gegrilltem Gemüse oder Fleisch passt er wunderbar.

Giersch-Limonade

- 10 große, ausgewachsene Gierschblätter
- 1 l Apfelsaft
- 500 ml Mineralwasser mit Kohlensäure
- Saft von 1 Zitrone
- 2–3 Zitronenscheiben

Die Gierschblätter zu einem Sträußchen binden und mit den Fingern kräftig zusammendrücken, so dass die Blätter leicht gequetscht werden. Den Apfelsaft in eine Karaffe geben, das Kräutersträußchen hineintauchen, einige Stunden kühl stellen und ziehen lassen.

Vor dem Servieren Mineralwasser, Zitronensaft und die Zitronenscheiben dazugeben. Nach Geschmack mit Gierschblättern garnieren.

★ Falls Sie keinen Giersch zur Hand haben, können Sie Gundermann, Waldmeister, Pfefferminze, Zitronenmelisse oder Zitronenverbene verwenden. Auch mit einem gemischten Kräutersträußchen schmeckt die Limonade lecker, probieren Sie es aus. Im Sommer gerne mit Eiswürfeln servieren.

Goldnessel, Gelbe Taubnessel

Lamium galeobdolon

Als Kinder zupften wir gerne Taubnesselblüten ab und saugten den süßen Nektar heraus. Dass die Blätter nicht brannten, hat uns erstaunt. Doch das ist kein Wunder, denn sie sind gar nicht mit den Brennnesseln verwandt, sondern gehören zu den Lippenblütlern. Ob Goldnesseln, Gefleckte, Weiße oder Purpurtaubnesseln – alle Arten dieser Familie eignen sich mit Blatt und Blüte für die Wildkräuterküche.

In der Natur

An feuchten Stellen, im lichten Schatten von Auwäldern, an Wegrändern und auf Brachflächen sind Taubnesseln verbreitet. Durch ober- und unterirdische Ausläufer breiten sie sich aus und bilden oft flächendeckende, dichte Bestände. Typisch sind die kantigen Stängel, die gezackten Blätter und die quirlig angeordneten Blüten, die sich im April / Mai öffnen. Die einjährige Purpurtaubnessel, die man häufig in Weinbergen, Gärten und am Rand von Äckern sieht, blüht von März bis Oktober. Taubnesselblüten sind vollgepackt mit süßem Nektar. Mit ihrem Duft locken sie Hummeln, Schmetterlinge und Bienen an. Es ist eine Freude, die geflügelten Gäste auf dem Balkon ganz aus der Nähe zu beobachten!

In Topf und Garten

BRAUCHT nährstoffreichen, durchlässigen Humusboden mit ausreichender Feuchtigkeit und einen Platz im Halbschatten oder Schatten.

GEDEIHT im Garten in der Nähe von Sträuchern, Hecken und unter Bäumen. Auch auf Balkon und Terrasse können wir sie ansiedeln, beispielsweise in einem Hochbeet oder einem Kasten, der groß genug ist.

Erntezeit

Jan. Febr. März April Mai Juni Juli August Sept. Okt. Nov. Dez.

WOHER? Taubnesseln lassen sich leicht durch Teilung der Wurzelrhizome vermehren. Fragen Sie beim Gartennachbarn nach Ablegern. Wildpflanzengärtnereien führen Taubnesseln.

Einer der ersten Blüher im Jahr: die Purpur-Taubnessel

Anbauen

GARTEN: Pflanzen Sie Goldnesseln in Gruppen an den Rand von Gehölzen. Füllen Sie zuvor etwas Kompost auf und halten Sie die Pflanzung feucht, bis sie angewachsen ist. Auch die anderen Taubnesselarten können Sie auf diese Weise anbauen. Nur die Purpur-Taubnessel will es etwas sonniger und fühlt sich in einem lehmigen Gartenboden wohl.

BALKON UND TERRASSE: Die Goldnessel ist ein Kaltkeimer. Um zu keimen, brauchen die Samen Kälteeinwirkung, deshalb sollte man die Pflanze im Herbst oder Winter aussäen. Einfacher ist es, Goldnesseln anzupflanzen. Trennen Sie mehrere Ausläufer ab, kürzen Sie die Stängel um zwei Drittel ein und verpflanzen Sie die Setzlinge in nährstoffreiche, humose Erde, die mit Kompost angereichert wurde. Der Topf sollte mindestens fünf bis zehn Liter Inhalt fassen. Der beste Zeitpunkt, Goldnesseln zu verpflanzen, ist vor dem Austrieb im zeitigen Frühjahr. Sie wachsen gut an.

PFLEGE: Zum Verbrauch schneiden Sie am besten immer die Triebspitze ab, dadurch wächst die Pflanze buschig.

Milde Goldnessel

Taubnesseln enthalten Flavonoide, Saponine, Schleim- und Gerbstoffe, außerdem ätherische Öle und Mineralstoffe. Aufgrund ihrer Inhaltsstoffe schützen sie die Schleimhäute und helfen bei Erkältungen der Atemwege und Bronchitis. Die Blätter sind im zeitigen Frühjahr ein belebendes, immunstärkendes Superfood. In der Volksmedizin soll ein Tee aus Taubnesselblüten bei Menstruationsbeschwerden helfen.

IN DER KÜCHE

Essbar sind Blätter und Blüten. Die zarten, jungen Blätter und Triebe schmecken angenehm mild und sind vielseitig verwendbar. Sie können Taubnesselblätter als Beigabe zu Gemüsegerichten in Wildkräutersalaten, Suppen oder Smoothies verwenden. Die Blüten schmecken süßlich und eignen sich als essbare Garnitur für Süßspeisen.

KÜCHEN-TIPP

Dekorativer Frühlingsbote
Die Purpurtaubnessel erscheint schon sehr früh im Jahr und ist eines der ersten Superfoods. Mit ihren purpurnen Blüten und Hochblättern sieht sie in Wildkräutergerichten toll aus.

Brotsalat mit Goldnesseln

- 150 g Weißbrot
- 6 EL Olivenöl
- 1 Zwiebel, geschält
- je 1 Handvoll junge Blätter und Blüten von Goldnesseln oder anderen Taubnesseln
- 1 Salatgurke
- 200 g Kirschtomaten
- 3 EL Balsamicoessig
- Salz, Pfeffer aus der Mühle
- 50 g Parmesan

Das Brot in etwa 2 cm große Würfel schneiden. 1 Esslöffel Öl in einer Pfanne erhitzen und die Brotwürfel darin anrösten. Abkühlen lassen.

Die Zwiebel und Goldnesselblätter fein hacken. Die Gurke waschen und würfeln, die Tomaten waschen und halbieren. Aus Essig, dem restlichen Öl, Salz und Pfeffer eine Marinade rühren.

Die vorbereiteten Zutaten locker in einer Schüssel vermischen und das Dressing unterheben. Den Käse reiben und über den Salat geben. Zum Schluss den Brotsalat mit den Blüten garnieren.

★ Für die gerösteten Brotwürfel kann man sehr gut Brot vom Vortag verwenden.

Fenchel-Auflauf

- 1 Zitrone
- 500 g Fenchel
- Salz
- 1 Zwiebel
- 30 g Butter
- 30 g Mehl
- Pfeffer aus der Mühle
- 1 Handvoll junge Blätter und Blüten von Goldnesseln oder anderen Taubnesseln
- 50 g Parmesan

Den Saft der Zitrone auspressen. Den Fenchel waschen, putzen und die Knollen halbieren. Fenchelknollen in etwa 500 ml Wasser mit etwas Salz etwa 10 Minuten bissfest dünsten. Abgießen und die Fenchelbrühe auffangen.

Den Backofen auf 200 °C vorheizen. Die Zwiebel schälen und fein würfeln. Die Butter in einem Topf erhitzen und die Zwiebel darin leicht andünsten. Das Mehl dazugeben, anschwitzen und mit etwa 300 ml Fenchelbrühe ablöschen. Die Mehlschwitze mit Salz, Pfeffer und Zitronensaft abschmecken.

Anschließend die Fenchelknollen in eine Auflaufform geben. Von den Goldnesselblättern und -blüten einige zum Garnieren beiseitelegen, den Rest fein hacken und über den Fenchel geben. Den Käse reiben. Alles mit der Sauce übergießen, mit Parmesan bestreuen und im vorgeheizten Ofen etwa 15 Minuten überbacken. Die Goldnesselblätter und -blüten darüberstreuen.

Der Auflauf schmeckt auch mit gemischten Wildkräutern. Wenn etwas übrigbleibt, können Sie dies mit der restlichen Brühe aufkochen und eine Suppe daraus herstellen. Verwenden Sie das Grün vom Fenchel zum Bestreuen einer Suppe oder für eine Gemüsebrühe.

Gundermann

Glechoma hederacea

Gundermann ist ein vitales Kraut und eine **attraktive Balkonpflanze**, bei der das Gärtnern so richtig Spaß macht und der Erfolg garantiert ist. Mit seinen blühenden Ranken, die über den Topfrand herunterwachsen, braucht er sich hinter Geranien nicht zu verstecken. In der **Volksmedizin** wurde Gundermann seit jeher bei verschiedenen Wehwehchen eingesetzt. Hildegard von Bingen empfahl ihn bei Ohrenentzündungen.

In der Natur

Gundermann wächst gerne im Halbschatten in Gesellschaft von Gehölzen, im Garten am Rand vom Kompost, am Zaun, bei Totholzhaufen, in nährstoffreichem, leicht feuchtem Boden. Bereits im April erscheinen die blauvioletten Lippenblüten. Während der Vegetationszeit wächst er zügig und treibt lange Ausläufer, die über den Boden kriechen, überhängen oder klettern. Sie blühen im folgenden Jahr. Sein anderer Name, Gundelrebe, geht sicherlich auf diese Wüchsigkeit zurück. An den Sprossknoten der Ausläufer oder Ranken bilden sich Wurzeln. Sobald sie den Boden berühren, wachsen sie ein und ein neues Pflänzchen entsteht. Das kann auch in einer Ritze zwischen Bodenplatten sein.

Erntezeit

Jan. | Febr. | März | April | Mai | Juni | Juli | August | Sept. | Okt. | Nov. | Dez.

In Topf und Garten

BRAUCHT lockere, nährstoffreiche, leicht feuchte Erde mit Kompost.

GEDEIHT sowohl in der Sonne als auch im Schatten oder Halbschatten, nahe an einer Hecke oder bei Sträuchern.

WOHER? Fragen Sie in einem Nachbargarten nach einem Ableger. Man erhält Gundermann auch in Gärtnereien.

Gundermann-Ableger sind aufgereiht wie auf einer Schnur. Einfach abtrennen und einpflanzen.

Anbauen

GARTEN: Gundermann ist leicht zu vermehren, denn aus jedem Ableger, den man wie bei der Erdbeere auch Kindel nennt, wächst eine neue Pflanze. Dazu trennt man die Kindel ab und kürzt die Wurzeln etwas ein. Lockern Sie die Erde an dem vorgesehenen Platz und fügen Sie reichlich Kompost hinzu. Setzen Sie die Ableger flach in die Erde, drücken Sie die Wurzeln gut an und halten Sie die Erde feucht.

BALKON UND TERRASSE: Pflanzen Sie Gundermann in einen ausreichend großen Topf. Eine schöne Idee ist es, Gundermann in einen Hanging Basket oder eine Ampel zu setzen. Auch ein Balkonkasten, über dessen Rand die Ranken herunterwachsen können, ist ideal. Sie können Gundermann auch als Unterpflanzung zu einer Kübelpflanze einsetzen.

PFLEGE: Wächst der Gundermann im Topf oder Kasten, gibt man ihm im Juni/Juli etwas organischen Dünger. Gundermann „wandert" gerne. Geben Sie ihm deshalb alle ein bis zwei Jahre ein neues Zuhause. Dazu entnehmen Sie einige Ableger und pflanzen diese in einen neuen Topf mit frischer Erde.

Appetitanreger Gundermann

Gundermann enthält ätherisches Öl, Saponine, Gerbstoffe, Bitterstoffe, Vitamin C und Mineralstoffe, vor allem Kalium. Seine entzündungshemmende Wirkung geht auf Flavonoide und Triterpenoide zurück. In der Volksheilkunde wurde Gundermann seit alters her bei Appetitlosigkeit, Magenverstimmungen, Infekten, Leber- und Gallenproblemen eingesetzt. Von der Schulmedizin wurde dies zwar nicht bestätigt, aber Gundermann gilt als ein Kraut, das den Stoffwechsel reguliert und den Organismus stärkt. Seine vitalisierende Wirkung nutzt man am besten, wenn man die Blätter frisch isst.

IN DER KÜCHE

Essbar sind Blätter und Blüten. Gundermannblätter haben einen ganz eigenen, aromatischen, herb-würzigen Geschmack. Die Blüten schmecken zarter. Verwenden Sie Gundermann sparsam. Zusammen mit den Blättern von Schafgarbe, Brennnesseln und Gänseblümchen passt er gut in einen Wildkräutersalat. In der Zeit, wenn frische Zitronenmelisse und Minze nicht zur Verfügung stehen, können Sie Gundermann als Ersatz nehmen und Süßspeisen oder Limonaden damit aromatisieren. Um ein erfrischendes Getränk herzustellen, nimmt man zwei bis drei Gundermanntriebe, zerdrückt sie leicht und lässt sie etwa zwei Stunden in einer Karaffe mit Wasser ziehen.

KÜCHEN-TIPP

Hauchdünner Schokogenuss
Gundermannblätter auf beiden Seiten mit warmer Schokoladenkuvertüre bestreichen und abkühlen lassen – fertig ist das Wiesen-Schokotäfelchen.

Zwetschgen-Chutney mit Chili

- 1 kg Zwetschgen
- 2 Chilischoten
- 1 TL Ingwer
- 1 EL Gundermannblätter
- 300 g rote Zwiebeln
- 2 EL Rapsöl
- 350 g brauner Zucker
- 300 ml Rotweinessig
- 1 TL Salz
- 1 TL Pfefferkörner
- ½ TL Senfkörner

Die Zwetschgen entsteinen und in kleine Würfel schneiden. Die Chilischoten aufschneiden, die Kerne entfernen und die Schoten fein hacken. Den Ingwer schälen und ebenfalls fein hacken. Die Gundermannblätter klein schneiden. Die Zwiebeln schälen und in Würfel schneiden.

Die Zwiebeln in Öl anschwitzen. Ein Drittel des Zuckers dazu geben, karamellisieren lassen und mit dem Essig ablöschen. Die Zwetschgenstücke und die restlichen Zutaten bis auf den Gundermann dazugeben und alles bei schwacher Hitze etwa 30 Minuten köcheln lassen, bis die Masse eindickt. Am Schluss die Gundermannblätter hinzufügen.

Das Zwetschgen-Chutney heiß in Schraubgläser abfüllen und sofort verschließen.

★ Das Zwetschgen-Chutney passt zu Grillfleisch, Braten und Reisgerichten.

Schoko-Joghurt-Creme mit Gundermann

- 200 g Vollmilchschokolade
- 200 g Naturjoghurt
- 200 ml Sahne
- 1 EL Gundermannblätter

Die Schokolade im Wasserbad langsam schmelzen lassen, mit dem Joghurt verrühren und abkühlen lassen. Die Sahne steif schlagen. Die Gundermannblätter sehr fein schneiden. Einen Teil der geschlagenen Sahne und einige Gundermannblättchen für die Garnitur zurückbehalten. Die Schoko-Joghurt-Masse unter die geschlagene Sahne heben und die gehackten Gundermannblätter dazugeben.

Die Schoko-Joghurt-Creme in Gläser füllen. Zum Schluss mit je einem Löffel Schlagsahne und einigen Gundermannblättchen garnieren.

★ Die Creme kann alternativ mit zartbitterer oder weißer Schokolade hergestellt werden.

★ Alte Nikoläuse oder Osterhasen eignen sich zur Resteverwertung.

Wilder Schokopudding

- 10 Gundermannblätter
- 500 ml Milch
- 40 g Zucker
- 40 g Speisestärke
- 15 g Kakaopulver
- 1 Handvoll Gundermannblüten

Die Gundermannblätter fein hacken. Die Milch mit Zucker, Stärke und Kakao verrühren und unter ständigem Rühren aufkochen lassen.

Zum Schluss die Gundermannblätter zugeben, vorsichtig unterrühren und das Ganze noch warm in kleine Gläser füllen. Mit den Blüten garnieren und gekühlt servieren.

★ Im Schokopudding versteckte Kräuter kommen auch bei Kindern gut an. Die Creme lässt sich vorbereiten und eignet sich für ein Picknick unterwegs.

Schoko-Joghurt-Creme mit Gundermann

Guter Heinrich

Chenopodium bonus-henricus

Unsere Großmütter kannten ihn noch, den Guten Heinrich. Sie nannten ihn auch „Wilden Spinat". Er war in ganz Europa verbreitet und wuchs in vielen Bauerngärten. Heute ist die Art im Bestand gefährdet und als Nahrungspflanze in Vergessenheit geraten. Dabei ist der Gute Heinrich ein ergiebiges Wildgemüse mit viel Eisen und Vitamin C. Gute Gründe, ihn im eigenen Garten anzubauen.

In der Natur

Man sieht den Guten Heinrich häufig in höheren Lagen, neben Almhütten. Früher kam er oft in der Nähe von Bauernhöfen und dörflichen Siedlungen vor. Bei Stallungen, neben Misthäufen oder in Böden mit tierischem Dung ist sein Platz. Die winterharte Staude mit dem bis zu 80 cm hohen, kräftigen Blattwerk kommt mit Kälte sehr gut zurecht. Guter Heinrich gehört zu den Gänsefußgewächsen wie Mangold, Rote Bete, Spinat und Melde. Er hat eine dicke, rübenartige Pfahlwurzel. Die pfeilförmigen Blätter sind mit einem hellen Belag überzogen. Sie fühlen sich seltsam mehlig an und hinterlassen im Mund ein pelziges Gefühl. Bei gekochten Blättern ist das jedoch nicht mehr der Fall. Die Blütenrispe erscheint im Juni. Guter Heinrich produziert unzählige Samen und vermehrt sich durch Selbstaussaat.

In Topf und Garten

BRAUCHT frischen, nährstoffreichen, sandigen Lehm, der mit tierischem Dünger angereichert wurde.
GEDEIHT in Sonne und Halbschatten, wobei es kein trockener Standort in praller Sonne sein sollte, sondern eher ein kühles, feuchtes Milieu.
WOHER? Kräutergärtnereien führen Pflanzen und bieten Saatgut an.

Erntezeit

Jan.	Febr.	März	April	Mai	Juni	Juli	August	Sept.	Okt.	Nov.	Dez.
			●	●	●	●	●	●	●		

Anbauen

GARTEN: Siedeln Sie den Guten Heinrich am Rand des Gemüsebeetes oder beim Kompost an. Der Boden kann zuvor mit Mistkompost oder mit Kompost und einem organischen Dünger angereichert werden. Pflanzzeit ist im Frühjahr oder im Herbst. Der Abstand beträgt 40–50 cm. Guten Heinrich auszusäen ist nicht so einfach. Die Samen benötigen über eine längere Zeit kalte Temperaturen, um zu keimen. Streuen Sie die Samen im Herbst breitwürfig an Ort und Stelle aus und vereinzeln Sie die Sämlinge später.

BALKON UND TERRASSE: Der Gute Heinrich ist so wüchsig, dass man ihn am besten in den Gartenboden pflanzt. Auch ein Hochbeet wäre geeignet.

PFLEGE: Die Pflanze ist frosthart. Wie bei allen Stauden schneidet man im zeitigen Frühjahr die verdorrten Stängel kurz über dem Boden ab. Wichtig ist, die Pflanze den Sommer über regelmäßig zurückzuschneiden. Dadurch zögert man die Blüte hinaus und kann längere Zeit zarte Blätter ernten. Um eine unerwünschte Versamung zu verhindern, entfernt man die Blüten. Gießen Sie regelmäßig und düngen Sie im Laufe des Sommers zwei bis drei Mal nach, beispielsweise mit Brennnesseljauche. Guter Heinrich wächst zwar mehrjährig, aber wir empfehlen, den Bestand alle zwei bis drei Jahre zu erneuern. Wenn man die alten Pflanzen entfernt, haben die Nachkommen mehr Platz, um sich zu entwickeln.

GARTEN-TIPP

Die Haupternte des Guten Heinrichs beginnt erst im zweiten Jahr. Lassen Sie der Pflanze im ersten Jahr genügend Blätter, damit sie Fuß fassen kann.

Wildgemüse Guter Heinrich

Die Blätter des Guten Heinrichs enthalten Saponine und Oxalsäure sowie viel Vitamin C und Mineralien, vor allem Eisen. Somit ist das Kraut eine gute Nahrungsergänzung bei Eisenmangel. Außerdem wirkt es wohltuend auf die Schleimhäute. Die leicht abführenden Inhaltsstoffe in den Samen lösen Verstopfungen. Aufgrund der enthaltenen Oxalsäure sollte man das Kraut jedoch nicht bei Nierenbeschwerden und Gicht verzehren. Auch ist es ratsam, nur die jungen Blätter und Triebe zu essen. In früheren Zeiten verwendete man die Blätter als Umschläge bei Ekzemen und Entzündungen der Haut.

Fertig für die Ernte: Junge Blätter des Guten Heinrichs.

In der Küche

Essbar sind Blätter und Triebe. Verwenden Sie nur ganz junge Blätter und Triebspitzen. Sie schmecken zart und mild, ganz ähnlich wie Spinat. Wenn der Blütenstängel treibt, schmecken sie eher ledrig und bitter und entwickeln mehr Oxalsäure. Dann sollte man sie nicht mehr verwenden. Verarbeiten Sie die Blätter frisch, denn Guter Heinrich welkt rasch und die Vitamine gehen verloren. Die spinatartigen Blätter kann man sehr gut im Pfannkuchenteig, Rührei oder für Knödel verwenden. Verfeinern Sie auch Suppen, Gemüsestrudel oder Aufläufe damit. Roh kann man Guten Heinrich zu Salat oder Smoothies dazugeben.

Gemüsewaffeln mit Gutem Heinrich

- 1 kleine Zucchini
- 2 mittelgroße Tomaten
- 1–2 Handvoll Guter Heinrich
- 4 Eier
- 120 g Butter, zimmerwarm
- 250 g Dinkelmehl Type 630
- 1 TL Salz
- 150 ml Milch
- etwas Fett für das Waffeleisen

Die Zucchini waschen, putzen und fein raspeln. Tomaten waschen und in kleine Würfel schneiden. Die Blätter des Guten Heinrichs fein hacken. Die Zucchiniraspel in ein Sieb geben und wenn nötig mit den Händen ausdrücken.

Die Eier trennen und das Eiweiß steif schlagen. Die Butter mit dem Eigelb schaumig rühren.

Das Mehl mit dem Salz mischen, Milch und Mehl in die Eigelbmasse geben, das Gemüse untermischen und zum Schluss das steif geschlagene Eiweiß unterheben.

Das Waffeleisen vorheizen, leicht fetten. Dann den Teig portionsweise einfüllen und zu Waffeln ausbacken. Die Menge reicht für ungefähr zehn runde Waffeln.

★ Im Frühling backen wir die Waffeln auch gerne mit Bärlauchblättern.

Überbackene Quarknocken

- 200 g würziger Bergkäse
- 50 g Guter Heinrich
- 250 g Magerquark
- 2 Eier
- 100 g Mehl
- Salz, Pfeffer aus der Mühle

Den Käse fein reiben. Die Blätter des Guten Heinrichs fein hacken. Quark, Eier, Mehl und die Hälfte des Käses miteinander verrühren. Das geschnittene Kraut dazugeben und alles zu einem Teig verarbeiten. Mit Salz und Pfeffer würzen.

Salzwasser in einem breiten Topf zum Kochen bringen. Mit zwei Teelöffeln aus der Quark-Kräuter-Masse Nocken abstechen und in das kochende Wasser geben. Bei schwacher Hitze 15–20 Minuten gar ziehen lassen.

Den Backofen auf 200 °C vorheizen. Die Nocken in eine Auflaufform geben und mit dem restlichen Käse bestreuen. Im vorgeheizten Ofen etwa 10 Minuten überbacken.

★ Die Nocken ergänzen wunderbar leichte Fisch- und Geflügelgerichte. Wer möchte, serviert sie mit einer Tomatensoße und einem Salat der Saison.

Quarkknöpfle mit Gutem Heinrich

- 250 g Magerquark
- 250 g Dinkelmehl Type 630
- 50 g feiner Dinkelgrieß
- 5 Eier
- 1 TL Salz
- 2 Zwiebeln
- 50 g Butter
- 50 g Guter Heinrich

Für den Knöpfleteig den Quark, das Mehl, den Dinkelgrieß, die Eier und das Salz mit einem Kochlöffel zu einem glatten Teig schlagen, bis er Blasen bildet.

Die Zwiebeln schälen und in Ringe schneiden. Die Butter in einer Pfanne erhitzen und die Zwiebelringe darin goldgelb andünsten. Herausnehmen und warm stellen.

Die Blätter des Guten Heinrich fein hacken und unter den Teig mischen. Wasser mit einer Prise Salz in einem breiten Topf zum Kochen bringen. Den Teig portionsweise mit einem Spätzlehobel ins kochendes Salzwasser hobeln, einmal kurz aufkochen lassen und herausnehmen. Dann mit heißem Wasser in einem Sieb abschwenken und gut abtropfen lassen.

Die Knöpfle in eine breite Schüssel geben. Die Zwiebelringe auf den Kräuterknöpfle verteilen.

★ Servieren Sie dazu einen Blattsalat.

SommerGenüsse

Herzhafte Sommerblüten-Butter

- ½ Zitrone
- 250 g Butter, zimmerwarm
- 1 Handvoll Blüten, z. B. Rotklee, Malve, Nachtkerze
- ½ TL Meersalz

Die Zitrone auspressen und den Saft mit dem Handrührgerät mit der Butter verrühren. Einige Blüten zum Garnieren beiseitelegen, die restlichen Blüten klein schneiden und unter die Butter mischen. Mit dem Meersalz abschmecken und zum Schluss mit den Blüten garnieren.

Aus Blüten können Sie auch Blütenzucker herstellen: 20 g getrocknete Blüten (z. B. Nachtkerze, Rotklee und Malve) mörsern oder in einem Mixer zerkleinern und mit 100 g Zucker mischen.

Sommerquark mit Gemüsesticks im Glas

- 500 g Gemüse der Saison, z. B. Radieschen, Kohlrabi, Rettich, Karotte
- 1 Schalotte
- 1 Handvoll Wildkräuter, z. B. Schafgarbe, Rotklee, Giersch, Vogelmiere, Sauerampfer, Wiesenlabkraut
- 200 g Magerquark
- 100 g körniger Frischkäse
- 3 EL Mineralwasser
- Salz, Pfeffer aus der Mühle

Das Gemüse putzen, waschen und in Stifte schneiden. Die Schalotte schälen und fein hacken. Die Kräuter fein hacken und mit dem Quark, dem Frischkäse und dem Mineralwasser verrühren, mit Salz und Pfeffer abschmecken. Dann in kleine Gläser oder Tassen verteilen. Die Gemüsesticks in den Kräuterquark stecken.

Sommerquark mit Gemüsesticks im Glas

Würzige Grillsoße

- 100 g Tomaten
- 100 g rote Paprikaschote
- 1 Knoblauchzehe
- 1 Handvoll Wildkräuter, z. B. Schafgarbe, Franzosenkraut, Dost, Quendel
- Salz, Pfeffer aus der Mühle

Tomaten und Paprika waschen, putzen und in Würfel schneiden. Die Knoblauchzehe schälen, durchpressen und die Wildkräuter fein hacken. Alle Zutaten in einem Mixer fein pürieren und mit Salz und Pfeffer würzen.

Wenn Sie es scharf mögen, geben Sie Chili dazu. Die Soße passt zu gegrilltem Gemüse oder Steaks und ist sehr schnell gemacht.

Gefüllte Tomaten mit Reis

- 1 Tasse Reis
- 2 Tassen Gemüsebrühe
- 2 EL Sonnenblumenkerne
- 100 g Blauschimmelkäse
- 1 Handvoll Wildkräuter, z. B. Dost, Quendel, Schafgarbe oder Spitzwegerich
- 8 große, feste Tomaten, z. B. Ochsenherzen
- Salz, Pfeffer aus der Mühle

Den Reis in der Gemüsebrühe nach Packungsangabe garen. Die Sonnenblumenkerne in einer Pfanne ohne Fett anrösten. Den Backofen auf 200 °C vorheizen. Den Käse würfeln, die Wildkräuter fein hacken. Alles vermischen.

Die Tomaten waschen, einen Deckel abschneiden. Mit einem Löffel vorsichtig aushöhlen, mit Salz und Pfeffer würzen. Die Tomaten mit dem Reis füllen und in eine Auflaufform setzen. Die Deckel und das Fruchtfleisch klein schneiden, etwas salzen und pfeffern und ebenfalls in die Auflaufform geben. Im vorgeheizten Ofen 35–40 Minuten backen. Mit einem Blattsalat servieren.

Sommerlicher Fitness-Salat mit Beeren

- 1 Kopfsalat
- 1 Handvoll Wildkräuter, z. B. Schafgarbe, Franzosenkraut, Rotklee oder Vogelmiere
- 20 g Kürbiskerne
- 3 EL Himbeeressig
- 6 EL Kräuteröl
- 1 TL Leinöl
- 1 TL Honig
- ½ TL milder Senf
- 2–3 EL Apfelsaft
- Salz, Pfeffer aus der Mühle
- 50 g Himbeeren

Den Kopfsalat und die Wildkräuter putzen, waschen und abtropfen lassen.

Die Kürbiskerne in einer beschichteten Pfanne, rösten, bis sie knacken.

Aus Essig, Öl, Honig, Senf, Apfelsaft, Salz und Pfeffer eine Marinade rühren. Einige Wildkräuter zum Garnieren beiseitelegen. Die restlichen Wildkräuter klein schneiden. Die Salatblätter kleiner zupfen und alles mit der Marinade vermischen. Die Himbeeren und Kürbiskerne darüberstreuen.

Knoblauchsrauke

Alliaria petiolata

Für Knoblauchfans gibt es eine aromatische Variante für die Küche: Die Knoblauchsrauke. Ihre Blätter und Blüten duften zart nach Knofel und schmecken **leicht pfeffrig**. Entdecken Sie die Pflanze auch als **Zierde** für den Naturgarten: Mit ihren leuchtend weißen Blüten wertet sie Schattenbereiche unter Bäumen auf. Die Pflanze erhält sich durch Selbstaussaat.

In der Natur

Die Knoblauchsrauke gehört zur Familie der Kreuzblütler. Sie wächst im lichten Schatten von Laubgehölzen, am Wegrand oder am Rand von Gewässern. Die Pflanze sucht die Nähe von Sträuchern und Hecken. Oft sieht man Knoblauchsrauke zusammen mit Giersch, Gundermann oder Taubnesseln. Das Kraut ist zweijährig. Im ersten Jahr wächst eine Rosette aus dunkelgrünen, eher rundlichen Blättern, im zeitigen Frühjahr schiebt sich der Blütentrieb mit den helleren, gezackten Blättern hervor. Die Blüten öffnen sich im Mai. Später erscheinen die langen Samenschoten, die die schwarzen Samen enthalten. Mit der Samenreife im Mai bis Juni stirbt die Pflanze ab.

In Topf und Garten

BRAUCHT nährstoffreichen, humosen, feuchten Boden.

GEDEIHT unter Hecken, Sträuchern oder Bäumen oder am Rand vom Gartenteich im Schatten oder Halbschatten.

WOHER? Sammeln Sie bei einem Spaziergang die Samenschoten. Oder Sie fragen einen Gartennachbarn nach Pflänzchen. Auch Wildkräutergärtnereien haben Jungpflanzen und Samen im Sortiment.

Erntezeit

Jan.	Febr.	März	April	Mai	Juni	Juli	August	Sept.	Okt.	Nov.	Dez.
		●	●	●							

Anbauen

GARTEN: Um Knoblauchsrauke auszusäen, brauchen Sie etwas Geduld, denn die Samen benötigen oft längere Zeit zum Keimen, manche keimen erst im Folgejahr. Sie können bereits im Sommer aussäen, aber am besten geeignet ist der Herbst, denn Knoblauchsrauke ist ein Kaltkeimer und benötigt niedrige Temperaturen zum Keimen. Streuen Sie die Samen breitwürfig auf frischen, nahrhaften Boden an Ort und Stelle aus. Wenn sie zu dicht stehen, können Sie die Pflanzen später auf einige wenige vereinzeln. Die Pflanzzeit für Setzlinge ist der Herbst oder das zeitige Frühjahr. Wenn die Pflanzen einmal etabliert sind, versamen sie sich und sorgen in den folgenden Jahren selbst für Nachkommen.

BALKON UND TERRASSE: In Töpfen und Balkonkästen ist eine Kultur möglich. Wir bevorzugen aber den Garten, da sich die Knoblauchsrauke dort durch Versamung ihren Platz selbst sucht.

PFLEGE: Am Anfang bei Trockenheit feucht halten. Danach ist keine Pflege nötig. Durch häufiges Schneiden und Ernten können Sie den Blütezeitpunkt deutlich hinauszögern.

VITAL-TIPP

Um die Wirkstoffe der Knoblauchsrauke optimal nutzen zu können, sollten Sie die Blätter frisch verbrauchen.

Abwehrstärkende Knoblauchsrauke

Wie Kresse oder Meerrettich enthält auch die Knoblauchsrauke Glucosinolate. Ein sekundärer Pflanzenstoff, der für die Familie der Kreuzblütler typisch ist und krankheitserregende Bakterien abwehrt. Weitere Inhaltsstoffe sind Knoblauchöl, Saponine, ätherische Öle, eine geringe Menge herzwirksamer Glykoside, außerdem Vitamin C und Mineralstoffe. Neben der antibakteriellen Wirkung fördern die Blätter der Knoblauchsrauke die Verdauung. Außerdem wirken sie harntreibend und blutreinigend.

Starke Aromen für die Wildkräuterküche: Junge Blätter und Triebe der Knoblauchsrauke.

IN DER KÜCHE

Essbar sind die jungen Blätter, die Blüten, grünen Samenschoten, die Samenkörner und die Wurzel. Am besten verwenden Sie Knoblauchsrauke frisch und roh, denn die Aromen verfliegen leicht. Der Geschmack ist scharf, knoblauchartig und erinnert ein bisschen an Senf. Mit seinem deftigen Geschmack eignet sich das Kraut als sparsames Würzkraut und nicht als Gemüse wie beispielsweise Brennnesseln oder Giersch. Die Blüte ist milder und eine schöne Deko auf dem Teller. Die noch grünen Samenschoten schmecken wie Kresse, die reifen Samen erinnern an Pfeffer und Meerrettich. Man kann sie in der Pfeffermühle mahlen oder im Mörser zerstoßen. Auch Senf lässt sich daraus herstellen. Die Wurzel schmeckt ähnlich wie Meerrettich.

KÜCHEN-TIPP

Senf herstellen
Man benötigt zu Pulver zermahlene gelbe Senfkörner, Weißweinessig, Wasser, Zucker, Salz und mit dem Mörser zerstoßene Samen der Knoblauchsrauke. Verrühren Sie alles miteinander zu einer zähflüssigen Paste und lassen Sie die Masse kurz aufkochen. Fertig ist der Senf.

Tomatenbutter mit Knoblauchsrauke

- 1 Handvoll Knoblauchsraukenblätter und -blüten
- 10 g getrocknete Tomaten
- 250 g Butter, zimmerwarm
- ½ TL Meersalz

Von der Knoblauchsrauke einige Blätter oder Blüten zum Garnieren beiseitelegen. Das restliche Kraut und die getrockneten Tomaten fein hacken und mit der Butter verrühren. Mit dem Meersalz abschmecken.

Ein Stück Frischhaltefolie oder Backpapier auf die Arbeitsfläche legen, die Butter darauf verteilen und zu einer Rolle formen. Einige Stunden im Kühlschrank kalt stellen. Zum Servieren die Tomatenbutter in Scheiben schneiden und mit den Blättern und Blüten garnieren.

★ Reichen Sie die Butter zu gegrilltem Fisch oder Fleisch. Super lecker schmeckt sie auch mit Bärlauchblättern.

Polenta mit Käse und Knoblauchsrauke

- 1 l Gemüsebrühe
- 250 g Polenta (Maisgrieß)
- 100 g würziger Bergkäse
- 20 g Knoblauchsraukenblätter
- Salz, Pfeffer aus der Mühle

Die Gemüsebrühe erhitzen, dann den Maisgrieß langsam einrieseln lassen und einrühren. Bei schwacher Hitze nach Packungsanleitung ziehen lassen. Den Käse reiben, das Kraut fein hacken und kurz vor Ende der Garzeit in die Polenta rühren. Mit Salz und Pfeffer abschmecken.

★ Die Polenta passt wunderbar zu Fisch- und Fleischgerichten oder zu einem Blattsalat. Sollte noch etwas übrig bleiben, können Sie die Reste mit einem Ei verrühren und zu Bratlingen abbacken.

Kartoffel-Knoblauchsrauken-Aufstrich

- 250 g mehlig kochende Kartoffeln
- 1 Knoblauchzehe
- 50 g alter Bergkäse
- 1 EL Knoblauchsraukenblätter
- 50–100 ml Rapsöl
- 1 TL Leinöl
- Salz, Pfeffer aus der Mühle

Die Kartoffeln gar kochen. Dann schälen und mit einem Kartoffelstampfer stampfen oder durch eine Kartoffelpresse drücken. Nicht pürieren!

Den Knoblauch schälen und zerdrücken und den Käse fein reiben. Die Knoblauchsraukenblätter fein schneiden. Alle Zutaten miteinander vermischen und mit Salz und Pfeffer abschmecken.

Man kann der Aufstrich sehr gut auf Bauernbrotscheiben anrichten. Er schmeckt auch lecker mit Sauerampferblättern. Sollten Sie gekochte Kartoffeln vom Vortag übrig haben, so können Sie diese sehr gut für den Aufstrich verwenden.

Löwenzahn

Taraxacum officinale

Kinder lieben Löwenzahn mit seinen sattgelben Blüten. Gerne pflücken sie die Pusteblumen mit den Fallschirmsamen, die so lustig davonfliegen. Als Wildkräuterköche sind wir mindestens genauso fasziniert von dieser Pflanze, denn ihre grüne Power überzeugt. Wer möchte, holt sich Löwenzahn direkt in den Balkonkasten, um ihn greifbar in Küchennähe zu haben.

In der Natur

Löwenzahn wächst häufig in gedüngten, nährstoffreichen Wiesen und Weiden. Jedoch gedeiht er ebenso auf trockenen Standorten wie Schutthalden, Wegrändern oder in Ritzen von Steinplatten und Mauern. Löwenzahn ist zäh. Mit seinen langen Pfahlwurzeln gräbt er sich fest ins Erdreich. Er ist schnittfest, wächst schnell und unterdrückt Gräser. Der Anblick von Wiesen, die über und über von Löwenzahn überwuchert sind, ist vertraut. Seine Hauptblütezeit ist im April. Löwenzahnblüten sind eine wichtige Bienenweide, die Samen ein gefundenes Fressen für Stieglitze und andere Vögel. Der Korbblütler Löwenzahn gehört zu den Zichoriengewächsen und ist mit Radicchio und Endivien verwandt. Die Bitterstoffe und der Milchsaft in den Stängeln erinnern daran.

In Topf und Garten

BRAUCHT einen nährstoffreichen Boden und möglichst einen Platz an der Sonne.

GEDEIHT nicht nur im Garten, sondern auch als Kübelpflanze und sogar im Topf oder Balkonkasten.

WOHER? Am einfachsten ist es, bei einem Spaziergang ein paar Pusteblumen zu sammeln und die Samen zu Hause auszusäen. Gärtnereien bieten Zuchtformen von Löwenzahn an, die für den Anbau im Garten geeignet sind, schlanke, lange Blätter bilden und sehr gut schmecken.

Erntezeit

Jan.	Febr.	März	April	Mai	Juni	Juli	August	Sept.	Okt.	Nov.	Dez.
	◆	◆	◆	◆	◆	◆	◆				

Anbauen

GARTEN: Meist ist Löwenzahn im Garten schon vorhanden, im Rasen, in der Wiese, am Wegrand oder in den Beeten. Nutzen Sie einfach sein Vorkommen und ernten Sie ihn ab.

BALKON UND TERRASSE: Auch ohne Garten können sie sich mit Löwenzahn selbst versorgen. Säen Sie die Samen in einen Topf oder Balkonkasten mit guter Gartenerde aus, sie keimen nach wenigen Tagen. Später die Sämlinge im Abstand von 15–20 cm vereinzeln. Im ersten Jahr bildet Löwenzahn eine bodenständige Rosette, im darauffolgenden Jahr blüht er. Wenn Sie die Blattrosetten beim Austrieb zusammenbinden, werden die Blätter gebleicht und schmecken milder.

PFLEGE: Löwenzahn ist eine ausdauernde Staude. Wenn er mehrmals im Jahr geschnitten wird, treibt er immer aufs Neue aus. Im Herbst oder zeitigen Frühjahr füllen Sie frischen Kompost auf. Löwenzahn versamt sich leicht. Wenn Sie das nicht wollen, entfernen Sie die verwelkten Blütenstiele, bevor die Fallschirmchen davonfliegen.

Wildsalat Löwenzahn

Löwenzahn ist reich an wirksamen Inhaltsstoffen. Er enthält Bitterstoffe, die den Appetit anregen, die Magensaftsekretion und den Gallenfluss stimulieren. Außerdem Flavonoide (Quercetin, Luteolin) und Carotinoide: Diese Stoffe zählen zu den Antioxidantien, die die körpereigenen Zellen vor freien Radikalen schützen. Der Gehalt an Vitaminen und Mineralien ist hoch. In den Blättern befindet sich achtmal so viel Vitamin C wie im Kopfsalat. Dazu kommt ein hoher Kaliumgehalt, der entwässernd und ausschwemmend wirkt. Seine Namen wie Bettpisser oder auf Französisch „Pis en lit" weisen darauf hin. Beliebt ist eine Frühjahrskur mit Löwenzahntee, die den Stoffwechsel anregt und rheumatische Leiden und Gelenkerkrankungen lindern soll. In der Wurzel befinden sich im Frühjahr viele Bitterstoffe, im Herbst viel Inulin, der Gehalt steigt auf bis zu 40 %. Inulin fördert die Bildung von Milchsäurebakterien im Darm, was die Nahrungsaufnahme positiv beeinflusst. Bei empfindlichen Personen können allerdings Blähungen auftreten.

Löwenzahn lässt sich leicht aus Samen ziehen.

Zum Trocknen die Blütenblätter von der grünen Hülle abtrennen.

IN DER KÜCHE

Essbar sind Blätter, Knospe, Blüte, Stängel und Wurzel. Löwenzahn schmeckt leicht bitter, ähnlich wie Radicchio. Am leckersten ist er im Frühjahr, wenn die Blattrosette kompakt ist und der Blütenstängel noch nicht getrieben hat. Sie können Löwenzahnblätter roh oder gegart verwenden – nicht nur als ergänzende Zutat, sondern hin und wieder auch als Hauptbestandteil eines Gerichts wie Salat oder Pfannengemüse. Auch die Knospen, die sich in der Mitte der Blattrosette befinden, sind ausgesprochen lecker, entweder im Salat oder eingelegt wie Kapern. Die gelben Zungenblüten schmecken ein bisschen wie Honig und machen sich gut in Gelees, Süßspeisen und Likör. Ob süß oder herzhaft, die Blüten lassen sich auf vielen Gerichten als essbare Garnitur verwenden.

KÜCHEN-TIPP

Bitterlikör mit Löwenzahnblüten
Ganze Löwenzahnblüten und Kandiszucker in eine Flasche füllen und mit Korn aufgießen. Den Ansatz 2 Wochen ziehen lassen, dann abseihen – fertig ist der Löwenzahn-Magenbitter.

Löwenzahnsalat in Kartoffelmarinade

FÜR DIE MARINADE:

- 150 ml Gemüsebrühe
- 2 Schalotten
- 2 EL Weißweinessig
- 1 TL Senf
- 1 EL Rotes Johannisbeergelee
- Salz, Pfeffer aus der Mühle
- 1 EL Knoblauchöl
- 3 EL Sonnenblumenöl
- 2 kleine, gekochte Kartoffeln

FÜR DEN SALAT:

- 4 Eier
- 300 g Löwenzahnblätter
- 40 g Bauchspeck
- 10 g Butter
- Gänseblümchenblüten zum Garnieren

Für die Marinade die Gemüsebrühe erhitzen. Die Schalotten schälen und fein hacken. Gemüsebrühe, Essig, Senf, Johannisbeergelee, Gewürze und Öl zu einer Marinade verquirlen. Die Schalotten unterrühren. Die Kartoffeln pellen, durch eine Presse drücken und mit der Marinade verrühren.

Für den Salat die Eier hart kochen, abschrecken und schälen. Den Löwenzahn putzen, die Außenblätter und die Stiele entfernen. Die Blätter zerteilen, in kaltem Salzwasser waschen und trockenschleudern.

Die Löwenzahnblätter in die Marinade geben, vorsichtig unterheben und auf Tellern anrichten. Die Eier vierteln und auf den Salat setzen.

Den Speck würfeln. Die Butter in einer Pfanne erhitzen, die Speckwürfel darin goldbraun braten und über den Salat streuen. Mit Gänseblümchenblüten garnieren.

★ Anstelle der Kartoffelmarinade kann man auch ein Dressing aus Olivenöl, Balsamicoessig, Salz, Pfeffer und einem Hauch Knoblauch mixen. Für eine vegetarische Variante ersetzen Sie einfach den Speck durch gebratene Champignons.

Löwenzahnkapern

- 50 g kleine Löwenzahnknospen, noch geschlossen
- 1 TL Meersalz
- schwarzer Pfeffer aus der Mühle
- 100 ml Rotweinessig

Die Knospen mit dem Salz mischen, in ein Schraubglas füllen und 2–3 Stunden ziehen lassen.

Danach mit dem Pfeffer würzen und mit einer Mischung aus dem Rotweinessig und 100 ml Wasser übergießen. An einem kühlen Ort für 2–3 Wochen ziehen lassen.

★ Die Kapern schmecken gut auf einem Butterbrot oder als Zutat in einer Vinaigrette.

Zarte Quarkklöße mit Löwenzahnblüten

- 2 Blatt Gelatine
- 1 Zitrone
- 250 g Magerquark
- 70 g Honig oder 50 g Zucker
- 250 g Sahne
- 9 Löwenzahnblüten

Die Gelatine in kaltem Wasser einweichen. Den Saft der Zitrone auspressen. Mit dem Magerquark und dem Honig oder Zucker verrühren.

Die Gelatine leicht ausdrücken, in einem Topf mit 1–2 EL Wasser unter Rühren langsam erwärmen, bis sie ganz aufgelöst ist. Von der Quarkmasse 2–3 EL unter die Gelatine geben und glattrühren. Dann die restliche Quarkmasse dazugeben.

Die Sahne steif schlagen. Die gelben Blütenblätter von 5 Löwenzahnblüten abzupfen und mit der Sahne unter die Quarkmasse ziehen. Dann einige Stunden im Kühlschrank fest werden lassen.

Aus der festen Quarkmasse mit zwei Esslöffeln oder einem Eisportionierer zwölf Quarkklöße formen. Auf jeden Teller drei Klöße setzen und mit den restlichen Löwenzahnblüten garnieren.

Wilde Malve

Malva sylvestris

Die Wilde Malve ist eine der **ältesten Heilpflanzen** und passt doch in unsere moderne Zeit, denn nur zu oft ist der Magen gestresst und der Darm gereizt. Dann entfalten die Blüten und Blätter in einem Wildpflanzengericht ihre **wohltuende Wirkung**. Zerkaut man eine Malvenblüte, spürt man die heilsamen Schleimstoffe sofort. Wilde Malve enthält eine ganze Menge davon, neben anderen Inhaltsstoffen.

In der Natur

Auf Schutthalden, an Wegrändern, entlang von Zäunen und Mauern, am Bahndamm oder in Gärten findet man die Wilde Malve. Sie wächst zweijährig, kann aber auch ausdauernd sein und bis zu einen Meter hoch werden. Von Mai bis September öffnen sich immer wieder neue rosa-violette Schalenblüten mit dunklen Adern, die von Hummeln und Honigbienen besucht werden. Die Samen liegen in einer rundlichen Kapsel, die aussieht wie ein kleiner Käselaib. Daher auch ihr Name Käsepappel. Pappel kommt übrigens von pappig, breiartig. Wo die Wilde Malve sesshaft geworden ist, vermehrt sie sich durch Selbstaussaat.

In Topf und Garten

BRAUCHT einen sonnigen und eher trockenen Standort.

GEDEIHT in tiefgründigem, gut mit Humus und Nährstoffen versorgtem Boden, der leicht kalkhaltig ist. In sandigem Lehm, der mit Kompost oder Mistkompost angereichert wurde, fühlt sie sich besonders wohl.

WOHER? In der Natur Samen sammeln oder die Pflanze aus einer Kräutergärtnerei beziehen.

Erntezeit

Jan. Febr. März April Mai **Juni Juli August Sept. Okt.** Nov. Dez.

Verwendbar sind die jungen Blätter, die Knospen und die Blütenblätter.

Anbauen

GARTEN: Wenn die Wilde Malve im Garten noch nicht vorhanden ist, säen Sie die Samen am besten an Ort und Stelle breitflächig aus, dann mit Erde bedecken und feucht halten. Der geeignete Zeitpunkt ist entweder das Frühjahr oder der Herbst. Vereinzeln Sie die Pflanzen später auf einen Abstand von 30–40 cm, damit sie genügend Platz haben, um locker verzweigt zu wachsen und viele Blüten anzusetzen.

BALKON UND TERRASSE: Malve gedeiht auch im Topf oder Kübel. Fügen Sie zur Topferde Kompost hinzu. Da sie Nährstoffe braucht, kann man etwas organischen Dünger dazugeben.

PFLEGE: Ein Rückschnitt der Blütenstiele nach der Hauptblüte fördert neuen Flor. Bei feuchter Witterung befällt manchmal der Malvenrost die Pflanze. Man erkennt ihn an den rostbraunen Pusteln auf den Blättern. Entfernen Sie die befallenen Blätter und achten Sie darauf, dass die Pflanzen genügend Abstand zueinander haben. Um Malvenrost vorzubeugen, gießen Sie die Pflanze so, dass die Blätter dabei nicht nass werden.

Magenschmeichler Wilde Malve

Die Wilde Malve enthält etwa 10 % Schleimstoffe, in den Blüten etwas mehr als in den Blättern. Außerdem Gerbstoffe, Vitamin C, Kalium und besonders in den Blüten Flavonoide und Anthozyane. Die Schleimstoffe legen sich wie ein Schutzfilm auf die gereizten Schleimhäute und wirken sehr besänftigend und wohltuend. Bei Reizungen im Magen-Darm-Trakt oder bei Gastritis kann die Malve heilsam sein. Sie gilt auch als gutes Mittel bei rauem Hals, Entzündungen der Atemwege, Husten und Verschleimungen. Dazu kommt eine mild adstringierende Wirkung, weshalb man Wilde Malve auch bei Durchfall verwenden kann. Malvenblütentee sollte nur kalt, als Mazerat oder mit lauwarmem Wasser aufgesetzt werden. Beim Erhitzen werden die Schleimstoffe zerstört.

IN DER KÜCHE

Essbar sind Blüten, Blätter und grüne Samenkapseln. Blüten und Blätter der Wilden Malve schmecken mild und sind sehr gut verträglich. Sie können sie zu Salat, Frischkäse, Blütenbutter, Obstsalat oder Desserts geben. Als essbare Garnitur sehen die Malvenblüten toll aus. Auch in der Limonade oder als Tee kann man die Blüten verwenden. Die Blüten färben den Tee blau. Verwenden Sie die Blüten auch, um ein Blütensalz oder einen Blütenzucker aufzusetzen oder sie zu kandieren. Auch die ersten zarten Blätter und die Blütenknospen schmecken gut. Sie passen zu Salaten oder in Smoothies. Oder man gart sie in Gemüsegerichten mit.

KÜCHEN-TIPP

Malvenblüten trocknen
Die Blüten sind leicht zu trocknen. Pflücken Sie die Blüten, wenn sie gerade aufgegangen sind, und breiten Sie sie auf Küchenkrepp aus. In einem Schraubglas sind sie, gut trocken gehalten, ein Jahr haltbar.

Ziegenfrischkäsebällchen mit Malven

- 1 Handvoll Malvenblüten
- 200 g Ziegenfrischkäse
- Kräutersalz nach Belieben

Von der Hälfte der Malven die Blütenblätter abzupfen, fein hacken und mit dem Frischkäse mischen. Etwa 15 Kugeln formen.

Von den restlichen Malven einige Blüten zum Garnieren beiseite stellen, die restlichen Blütenblätter zupfen, fein hacken und die Kugeln darin wälzen. Auf einer Platte mit den Malvenblüten garniert anrichten.

Die Frischkäsebällchen sehen auch super mit gemischten Blüten wie Rotklee, Malven und Nachtkerze aus. Die halbe Blütenmenge kann auf einen Blattsalat als sommerliche Vorspeise gestreut werden.

Süßkartoffelsuppe mit Malven

Malvenessig

- 1 Handvoll Malvenblüten, -knospen und -blätter
- 1 TL Kandiszucker
- 500 ml Weißweinessig

Die Blüten, Knospen und Blätter mit dem Kandiszucker in eine Flasche geben. Mit dem Essig übergießen. 3–4 Wochen ziehen lassen, dabei gelegentlich schütteln, dann abgießen.

★ Auch die noch grünen Samenkapseln können Sie in den Essig einlegen. Der Essig ist sehr lange haltbar und schmeckt am besten zu Blattsalaten oder zu Rohkost.

Süßkartoffelsuppe mit Malven

- 400 g Süßkartoffeln
- 500 ml Gemüsebrühe
- 150 ml Sahne
- 1 TL Kurkuma
- Salz, Pfeffer aus der Mühle
- 2 EL trockener Weißwein
- 3 EL Sonnenblumenkerne
- 1 Handvoll Malvenblüten

Die Süßkartoffeln schälen, würfeln und in der Gemüsebrühe weich kochen, dann pürieren. Die Sahne unterziehen, mit Kurkuma, Salz, Pfeffer und dem Weißwein abschmecken. Die Sonnenblumenkerne in einer Pfanne ohne Fett anrösten und die Malvenblütenblätter abzupfen.

Die Suppe in vorgewärmte Teller gießen, mit Sonnenblumenkernen und Malvenblüten garnieren.

Meerrettich

Armoracia rusticana

Meerrettich oder Kren ist bekannt für seine **Schärfe**. Was beim Reiben in der Nase kitzelt und die Tränen in die Augen treibt, sind Senföle, die reichhaltig in der Wurzel enthalten sind. Meerrettich putzt nicht nur die Atemwege frei, sondern ist ein **gesunder Fitmacher** und wertvoller Bestandteil der Winterküche, wenn Erkältung droht.

In der Natur

Meerrettich stammt ursprünglich aus dem Don-Wolga-Gebiet. Von dort gelangte er als Kulturpflanze nach Mitteleuropa. Heute ist er fast europaweit eingebürgert und wächst wild an Wegrändern, in Gräben und auf Schuttflächen. Große, kräftige Blätter und sein über ein Meter hoher Blütenstängel mit duftenden weißen Blüten sind charakteristisch. Die Samen werden bei uns selten reif. Meerrettich bildet eine dicke Pfahlwurzel mit mehreren dünneren Seitenwurzeln, den sogenannten Fechsern. Im Erwerbsanbau werden die etwa 1 cm dicken und etwa 30 cm langen Fechser bei der Ernte im Herbst von der Hauptwurzel abgetrennt und im feuchten Keller bis zur Pflanzzeit im Frühjahr gelagert.

In Topf und Garten

BRAUCHT tiefgründigen, sandigen, leicht feuchten Boden, der gut mit Nährstoffen versorgt ist.

GEDEIHT am besten im Garten. Auf dem Balkon benötigt er einen großen Kübel oder noch besser, ein Hochbeet.

WOHER? Man erhält Jungpflanzen in Gärtnereien. Oder vielleicht hat Ihr Gartennachbar Meerrettich und gibt Ihnen ein Wurzelstück ab. Sie können auch im Frühjahr bei einem Gemüsebaubetrieb nachfragen, ob Sie Fechser bekommen.

Erntezeit: Jan. Febr. März April Mai Juni Juli August Sept. Okt. Nov. Dez. (hervorgehoben: Jan., Febr., März, Okt., Nov., Dez.)

Anbauen

GARTEN: Wählen Sie für den Meerrettich eine abgelegene Stelle, etwa am Rand des Gartens oder beim Kompost, denn er braucht viel Platz. Damit die Wurzel gut eindringen kann, lockern Sie den Boden am besten schon im Herbst mindestens 40 cm tief und arbeiten Sie Mistkompost oder Kompost und Hornspäne ein, denn Meerrettich ist ein Starkzehrer. Im März / April ist Pflanzzeit. Man steckt die Wurzelstücke oder die Fechser schräg in den Boden. Die Ernte der Wurzel beginnt, wenn das Laub welk wird.

So vital ist der Meerrettich: Aus jedem Wurzelstück wächst eine neue Pflanze.

BALKON UND TERRASSE: Ein Anbau ist möglich, jedoch sollte der Kübel groß genug sein und mindestens einen Durchmesser von 30–40 cm haben. Füllen Sie ein Gemisch aus Blumenerde, Sand, Kompost und Gartenerde ein und fügen Sie organischen Dünger dazu. Am besten steht der Kübel an einem halbschattigen Ort. Halten Sie den Pflanzkübel gleichmäßig feucht.

PFLEGE: Im Garten kann man den Meerrettich sich selbst überlassen. Behagt ihm der Standort, wird er sich dort über Jahre selbst vermehren und neue Wurzeln treiben. Fügen Sie ab und zu organischen Dünger hinzu.

Antibiotischer Meerrettich

Die wichtigsten Inhaltsstoffe in Blatt und Wurzel sind die Glucosinolate (Senfölglykoside). Das sind Schwefelverbindungen, die typisch für die Pflanzenfamilie der Kreuzblütler sind, wie Kohl, Rettich, Kresse. Der scharfe bis bittere Geschmack ist charakteristisch. Die Pflanzen schützen sich damit gegen Bakterien und Schimmelpilze. Diese antimikrobielle Wirkung kommt auch uns zugute. Bei Infektionen der Atemwege und bakteriellen Harnwegsinfekten wirkt Meerrettich wie ein pflanzliches Antibiotikum. Weitere Inhaltsstoffe sind Vitamin C und Kalium. Frisch und möglichst roh verwendet stärkt Meerrettich das Immunsystem in der Erkältungszeit. Dazu kommt eine verdauungsfördernde Wirkung. Kinder unter vier Jahren sollten allerdings nicht an frisch geriebenem Meerrettich riechen oder ihn essen, er ist zu scharf. Auch in der Schwangerschaft und bei Nierenproblemen ist Vorsicht angesagt. Genießen Sie Meerrettich nur in Maßen.

GARTEN-TIPP

Lassen Sie bei der Ernte immer ein paar Wurzelstücke im Boden zurück. Damit ist für Nachkommen gesorgt.

IN DER KÜCHE

Essbar sind Blätter und Wurzel. Es gibt kein vergleichbares Wildkraut mit solch einer intensiven Schärfe. Verwenden Sie Meerrettich möglichst roh oder geben Sie ihn erst am Schluss zu den Gerichten. Sahnemeerrettich ist ein klassischer Begleiter zu geräuchertem Fisch, Apfelkren passt wunderbar zu Tafelspitz. Geben Sie auch hin und wieder eine Messerspitze geriebenen Meerrettich zu Rohkost- und Blattsalaten. Die jungen Blätter, die man von März bis zum Sommer schneiden kann, eignen sich für Smoothies. Die Blüten zieren als Garnitur herzhafte Speisen.

KÜCHEN-TIPP

Praktische Vorratshaltung
Frieren Sie die geschälte Meerrettichwurzel ein. In gefrorenem Zustand lässt sich die Wurzel sehr gut reiben.

Apfelkren

- 1 Apfel
- 3–4 cm Meerrettichwurzel
- 1 EL Apfelessig
- 3 EL Sonnenblumenöl
- 1 Prise Zucker
- Salz, Pfeffer aus der Mühle

Den Apfel waschen, das Gehäuse herausschneiden und den ungeschälten Apfel reiben. Ein Stück einer frischen Meerrettichwurzel schälen, ebenfalls reiben und 3 EL abmessen.

Den Apfelessig, das Öl und den Zucker hinzufügen und alles gut miteinander vermengen. Mit Salz und Pfeffer abschmecken

★ Apfelkren ist ein traditionelles Rezept aus der Steiermark. Er wird zu gekochtem Rindfleisch, insbesondere zu Tafelspitz mit Rösti serviert, schmeckt aber auch ganz hervorragend zu geräuchertem Fisch.

Meerrettich-Topinambur-Suppe

- 500 g Topinambur
- ½ Apfel
- 1 Zwiebel
- 1 EL Öl
- 750 ml Gemüsebrühe
- 100 ml Sahne
- Salz
- 3–4 cm Meerrettichwurzel

Die Topinamburknollen und den halben Apfel schälen und würfeln. Zwiebel schälen, fein hacken und im Öl kurz anbraten, Apfel und Topinambur dazugeben und mit der Brühe aufgießen. 15–20 Minuten köcheln lassen, dann pürieren. Mit Sahne und Salz abschmecken. Zum Schluss die Meerrettichwurzel schälen, fein reiben, etwas zum Garnieren zur Seite stellen und den Rest in die Suppe geben. Sofort in vorgewärmte Suppenteller füllen und mit dem geriebenen Meerrettich servieren.

★ Sie können anstatt Topinamburknollen auch Kartoffeln oder Süßkartoffeln verwenden.

Meerrettich-Topinambur-Suppe

Nachtkerze

Oenothera biennis

Die Nachtkerze kommt ursprünglich aus Nordamerika. Im 17. Jahrhundert gelangte sie nach Europa, wo sie verwilderte. Anfangs baute man sie als Zierpflanze an und bewunderte ihre **schönen Blüten**, später erkannte man ihre **medizinischen Potenziale**. Heute ist sie eine der besten Heilpflanzen bei Hautkrankheiten. Auch in der Küche hat sie einiges zu bieten.

In der Natur

Nachtkerze besiedelt oft als Pionierpflanze Öd- und Schuttflächen, Böschungen und Bahndämme. Meist wächst sie an trocken-warmen Standorten in magerem bis mäßig nährstoffreichem Boden. Die zweijährige Pflanze, die bis 1,50 m hoch wird, verankert sich mit einer dicken Pfahlwurzel im Boden. Sie treibt im ersten Jahr eine Blattrosette und blüht dann im Folgejahr. Das Besondere an der Nachtkerze sind ihre attraktiven, gelben Blüten. Ab Juni bis September öffnen sich Abend für Abend neue Blüten, die mit ihrem süßen Duft und ihrer leuchtend hellgelben Farbe Nachtfalter anlocken. Ein Naturschauspiel, das man pünktlich bei beginnender Dämmerung beobachten kann. Die länglichen Fruchtkapseln enthalten unzählige, winzige Samen, die sich aussäen und die Verbreitung der Pflanze sichern.

Erntezeit

Jan. Febr. März April Mai **Juni Juli August Sept. Okt.** Nov. Dez.

In Topf und Garten

BRAUCHT einen sonnigen, warmen, eher trockenen Standort, kommt aber auch im Halbschatten zurecht.
GEDEIHT in leicht nahrhaftem Boden, der sandig bis lehmig sein kann und etwas Kalk enthält.
WOHER? Besorgen Sie sich eine Pflanze aus einer Gärtnerei oder sammeln Sie Samen.

GARTEN-TIPP

Die Nachtkerze mag keine nassen Füße. Das Pflanzgefäß sollte deshalb am Boden eine Drainageschicht aus Tonscherben oder Kies enthalten, damit das Wasser gut abfließt.

Anbauen

GARTEN: Säen Sie die Nachtkerze am besten direkt ins Beet. Aussaatzeit ist Juli/August. Nachtkerzen sind Lichtkeimer. Bedecken Sie die Samen nur leicht. Nach dem Auflaufen die Pflänzchen auf 20–30 cm Abstand vereinzeln. Einfacher ist es, Pflänzchen aus einer Gärtnerei zu setzen. Lockern Sie den Boden auf und fügen Sie Sand oder Kies hinzu. Anfangs feucht halten, später ist kein Gießen mehr nötig.
BALKON UND TERRASSE: Eine Aussaat oder Pflanzung in einem großen Topf oder Kübel ist möglich. Füllen Sie das Gefäß mit einem Gemisch aus etwa zwei Dritteln Kräutererde und einem Drittel Sand. Bei Bedarf können Sie eine leichte organische Düngung dazugeben.
PFLEGE: Die Nachtkerze ist eine anspruchslose Pflanze. Im Garten kann man sie sich selbst überlassen. Wo sie sich wohlfühlt, pflanzt sie sich durch Selbstaussaat fort. Sollte eine Ausbreitung unerwünscht sein, entfernen Sie die Samenkapseln, bevor die Samen herausfallen. Im Kübel erweist sich die Nachtkerze als ziemlich frostresistent und braucht in normalen Wintern keinen Winterschutz.

Hautschmeichler Nachtkerze

Die Nachtkerzenblüten enthalten Flavonoide, Gerbstoffe, Schleimstoffe und Phytosterine, die den Cholesterinspiegel senken sollen. Der wichtigste Inhaltsstoff befindet sich in den Samen: Diese enthalten fette Öle, die aus mehrfach ungesättigten Fettsäuren wie Gamma-Linolensäure und Linolsäure bestehen. Diese kann unser Körper nicht selber herstellen. Sie bewirken die Regeneration von Gewebe, lindern Hautentzündungen, fördern den Fettstoffwechsel und gelten als Antioxidantien, also als Fänger von freien Radikalen. Außerdem sollen sie bei Bluthochdruck und erhöhtem Cholesterinspiegel helfen. Das aus den Samen gewonnene Nachtkerzenöl wird innerlich wie äußerlich bei Neurodermitis eingesetzt.

IN DER KÜCHE

Essbar sind Blätter, Blüten, Samen und Wurzeln. Die Blüten eignen sich als feine und leckere Garnitur. Auf Blattsalaten, in Gemüse- oder Rohkostsalaten sehen sie toll aus und schmecken dezent. Sie sind ein Hingucker in asiatischen Rezepten wie Sushi, Suppen oder Wokgerichten. Servieren Sie Nachtkerzenblüten außerdem gefüllt mit Frischkäse als Fingerfood oder verwenden Sie die Blüten im Dessert. In der Zeit bis zur Blüte können Sie auch die Blätter ernten. Sie schmecken würzig und etwas herb. Die Wurzeln wandern gleichfalls in den Kochtopf und werden wie Schwarzwurzeln zubereitet. Die Blütenknospen kann man wie Kapern einlegen. Verwenden Sie auch die reifen Samen. Mit einem Mörser werden sie zerstoßen und übers Müsli gestreut oder in den Kuchen- oder Brotteig gerührt.

KÜCHEN-TIPP

Zum Trocknen ernten Sie die Samenkapseln rechtzeitig, bevor sie aufplatzen. Ausgebreitet auf einem Teller mit Küchenkrepp können die Samen vollständig ausreifen.

Nachtkerzen-Erdbeer-Smoothie

- 20 Nachtkerzenblüten
- 250 g Erdbeeren
- 1 EL Leinöl

Einige Blüten zur Garnitur beiseitelegen. Die Erdbeeren waschen, entstielen und mit den Nachtkerzen und dem Leinöl in einen Mixer geben und auf höchster Stufe fein pürieren. Den Smoothie auf Gläser verteilen und mit den Blüten garnieren.

★ Sie können auch andere Beeren dafür verwenden, beispielsweise Himbeeren oder Brombeeren. Wenn der Smoothie etwas dünnflüssiger sein soll, geben Sie noch etwas Wasser oder Apfelsaft hinzu.

Gefüllte Nachtkerzenblüten

- 20 Nachtkerzenblüten
- 5–6 kleine Nachtkerzenblätter
- 150 g Frischkäse
- Salz
- 4–5 große Tomaten

Die Blütenstempel aus den Nachtkerzenblüten entfernen. Die Blätter fein hacken und mit dem Frischkäse und etwas Salz mischen.

Die Frischkäsemasse in einen Spritzbeutel füllen und in die Blüten spritzen. Die Tomaten waschen, in 20 Scheiben schneiden und auf einer Platte anrichten. Mit den gefüllten Blüten garnieren.

★ Das Gericht sieht sehr dekorativ aus und schmeckt auch Kindern.

Bunter Tomatensalat mit Nachtkerzenblüten

- 600–700 g gelbe und rote Tomaten
- 1 kleine Zwiebel
- 1 EL Balsamicoessig
- 4 EL Olivenöl
- Salz, Pfeffer aus der Mühle
- 1 Handvoll Nachtkerzenblüten

Die Tomaten waschen, in dünne Scheiben schneiden und auf einer Platte gleichmäßig einander leicht überlappend verteilen. Die Zwiebel schälen und klein schneiden.

Nun aus Essig, Öl, Zwiebelwürfeln, Salz und Pfeffer eine Marinade rühren und auf den Tomaten verteilen. Die Nachtkerzenblüten auf den Tomaten verteilen.

Quendel, Feldthymian

Thymus pulegioides

Quendel gehört zu den Thymianarten. Die Pflanzenfamilie wird schon seit Jahrtausenden genutzt. Bereits die alten Ägypter räucherten mit Thymian: zum einen, um den Göttern nahe zu sein, zum anderen aus hygienischen Gründen, denn der Rauch reinigt die Luft. Thymian ist vom Mittelmeer bis nach Mitteleuropa und Asien verbreitet. Unser heimischer Thymian heißt Quendel und ist in sonnigen Regionen zu Hause. Feinschmecker wissen ihn zu schätzen.

In der Natur

Quendel, den man auch Arznei-Thymian oder Feldthymian nennt, ist ein Lippenblütler und wächst auf sandigen oder steinigen Flächen in der Ebene und in Bergregionen in gemäßigten Zonen. Man sieht ihn auf Trockenrasen, an Böschungen oder an Felsen. Mit seinen tiefgehenden Wurzeln haftet er im Erdreich und übersteht Trockenheit und starke Winde. Quendel ist ein Halbstrauch, das heißt, die Stängel sind unten leicht verholzt. Typisch sind die kleinen, ledrigen Blättchen. Darin befinden sich Drüsen, die ätherische Öle enthalten. Er wächst locker, wird etwa 10–15 cm hoch und bildet purpur-leuchtende Blütenpolster, die ab Juni von unzähligen Bienen und Hummeln besucht werden.

In Topf und Garten

BRAUCHT viel Sonne sowie einen warmen und trockenen Standort, damit er seine ätherischen Öle entwickeln kann.

GEDEIHT in normalem bis trockenem Sand-, Schotter- oder Lehmboden im Steingarten, auf Trockenmauern oder einer Kräuterspirale. Wenn er um sich herum genügend Platz hat, fühlt er sich wohl. Dann breitet er seine Polster aus und schmiegt sich an den Stein.

WOHER? Quendel gibt es in vielen Gärtnereien. Samen erhält man über den Pflanzenversand.

Erntezeit

Jan. | Febr. | März | April | **Mai** | **Juni** | **Juli** | **August** | **Sept.** | **Okt.** | Nov. | Dez.

Anbauen

GARTEN: Kultivieren Sie ihn wie Gartenthymian in durchlässigem, mineralischem Boden. Er verträgt keine Staunässe. Wenn Sie im Garten einen dichten Lehmboden haben, magern Sie ihn mit Sand, Splitt oder Kies ab. Ideal ist ein Platz am Beetrand, an einer Steineinfassung oder auf einem Mäuerchen. Sie können den Quendel eng an den Stein setzen, auch in eine Fuge, wenn Wurzelraum vorhanden ist. Füllen Sie frische Erde auf und halten Sie ihn einige Zeit nach der Pflanzung feucht.

An einem sonnigen Platz blüht er üppig und produziert viele Aromen.

BALKON UND TERRASSE: Auch in sonnigen Balkontöpfen und -kästen macht sich Quendel gut. Am besten eignet sich ein Topf aus Ton. Mischen Sie ein Drittel Sand in die Kräutererde. Man kann Quendel schon ab März auf der warmen Fensterbank vorziehen. Die Aussaat gelingt gut. Beachten Sie, dass Quendel ein Lichtkeimer ist.

PFLEGE: Zum Ernten die blühenden Stängel abschneiden. Dadurch bekommt die Pflanze Kraft für einen neuen Austrieb.

Würziger Quendel

Quendel enthält bis 0,6 % ätherische Öle, darunter Thymol, Linalool sowie Carvacrol, die das Wachstum von Bakterien hemmen. Darüber hinaus enthält er Flavonoide, Bitterstoffe, Triterpene und Phenole. Das Kraut wirkt desinfizierend und antibakteriell sowie auch mild krampflösend.

Bei Erkältungen der Atemwege, Bronchitis und Halsschmerzen ist ein Tee oder eine Inhalation mit Quendel heilsam und wohltuend. Gurgeln mit Quendel und Salbei ist ein bewährtes Hausrezept. Außerdem wirkt Quendel schleimlösend und lindert den Hustenreiz. Durch seinen Gehalt an Bitterstoffen wird er auch bei Magen-Darm-Störungen eingesetzt. Das Kraut regt die Speichel- und Magensaftsekretion an. Dadurch fördert Quendel die Verdauung von fetten Speisen. Quendeltee gilt außerdem als krampflösend und lindernd bei Menstruationsbeschwerden.

VITAL-TIPP

Räuchern mit Quendel

Zum Räuchern benötigen Sie eine feuerfeste Schale und Räucherkohle, die Sie durch Anzünden zum Glimmen bringen. Streuen Sie darauf getrockneten Quendel und fächern die Glut sanft an. Thymiandüfte reinigen die Luft und fördern die Konzentration.

IN DER KÜCHE

Essbar sind Blätter und Blüten. Quendel ist vergleichbar mit dem mediterranen Thymian. In der Küche passt er sehr gut zu Lamm, Rindfleisch, Wild, Gänsebraten oder zu mariniertem Grillfleisch. Auch in Gemüsepfannen, im Linseneintopf oder Kartoffelgerichten ist er eine würzige Zutat. Er ist sehr unkompliziert zu verarbeiten und gut zu trocknen. Sie können mit Quendel auch Kräuteressig oder Kräuteröl aufsetzen oder Kräutersalz herstellen. Verwenden Sie das blühende Kraut. Wenn Sie Quendel für Ihren Teevorrat trocknen möchten, schneiden Sie im Sommer die blühenden Triebe und legen Sie sie auf Küchenkrepp zum Trocknen aus.

Lammlachse mit Quendel

- 3 Knoblauchzehen
- 1 Handvoll blühende Quendelstängel
- 4 Lammlachse
- Salz, Pfeffer aus der Mühle
- Olivenöl zum Marinieren und Braten
- 250 ml Rotwein
- ca. 20 g kalte Butter

Knoblauch schälen und in Scheiben schneiden. Die Quendelblätter und -blüten von den Stängeln streifen, einen Teil davon zum Garnieren beiseitelegen. Die Lammlachse salzen und pfeffern.

Das Fleisch in eine flache Schüssel legen, mit Knoblauch und Quendel bedecken und mit etwas Olivenöl begießen. Über Nacht zugedeckt im Kühlschrank marinieren lassen.

Am nächsten Tag das Fleisch herausnehmen und in heißem Olivenöl von beiden Seiten anbraten. Die Marinade dazugeben, mit dem Rotwein ablöschen und bei geringer Temperatur etwa 5 Minuten gar ziehen lassen und mehrmals mit dem Sud übergießen. Die kalte Butter zum Binden dazugeben. Die Lammlachse auf Tellern anrichten und mit Quendelblättern und -blüten garniert servieren. Dazu passen Kartoffelpüree und gekochte Stangenbohnen.

Schnelle Körnergipfel mit Quendel

- 1 Handvoll blühender Quendel
- 500 g Dinkelmehl Type 1050 und Mehl für die Arbeitsfläche
- 1 Packung Weinsteinbackpulver
- 5 EL gemischte Körner, z. B. Sonnenblumenkerne, Kürbiskerne u. a.
- 1 TL Steinsalz

Die Quendelblättchen und -blüten von den Stängeln streifen und fein hacken. Das Mehl mit 350 ml lauwarmem Wasser, Backpulver, 4 Esslöffeln Körnermischung, dem Quendel und Salz mit dem Handrührgerät kneten und auf einer bemehlten Arbeitsfläche mit den Händen zu einem glatten Teig verarbeiten.

Den Backofen auf 200 °C vorheizen. Den Teig halbieren und zu zwei länglichen Rollen formen, die an den Enden etwas dünner werden. Die Teigrollen in Hufeisenform auf ein mit Backpapier belegtes Backblech legen. Mit Wasser einpinseln und mit den restlichen Körnern bestreuen. Die Gipfel mit einem Messer mehrmals schräg leicht einschneiden und im vorgeheizten Ofen 30–40 Minuten backen.

★ Der Teig eignet sich auch für Brötchen.

Quendel-Zitronen-Salz

- 1 unbehandelte Zitrone
- 1 Handvoll blühender Quendel
- 200 g grobes Steinsalz

Die Zitrone waschen, abtrocknen und die Schale dünn schälen. Die Quendelblättchen abzupfen und zusammen mit der Zitronenschale fein hacken. Alles mit dem Salz vermischen. In kleine Schraubgläser abfüllen und dunkel aufbewahren.

★ Das Quendel-Zitronen-Salz ist ein nettes Gastgeschenk.

★ Das aromatische Würzsalz passt sehr gut zu geschmortem Gemüse oder zu Lammgerichten. Verwenden Sie es auch für Kräuterquark.

Rotklee

Trifolium pratense

Rotklee ist ein **Multitalent**. Die Blüten gelten als sanftes Mittel im Klimakterium. Sprossen, Blätter und Blüten ergänzen die gesunde Küche und die Wurzeln verbessern den Boden im Gemüsebeet. Außerdem fliegen Honigbienen auf die süßen Blüten und stellen **besten Honig** daraus her. Der Weißklee ist auf die gleiche Weise verwendbar wie der Rotklee, die rote Variante hat aber mehr wertvolle Inhaltsstoffe.

In der Natur

Rot- oder Wiesenklee ist mehrjährig und gehört zu den Leguminosen, zu denen auch Erbsen, Bohnen, Wicken oder Lupinen zählen. Wild wächst Rotklee auf Wiesen, die nicht zu nass sind. Als Gründüngungs- und Futterpflanze sieht man ihn auf Acker- oder Grünland und in Gärten. An seiner Pfahlwurzel, die sich bis zu zwei Meter tief in den Boden bohrt, befinden sich Knöllchenbakterien, die den Stickstoff aus der Luft sammeln und dem Boden zur Verfügung stellen. Typisch sind die dreiteiligen Blätter mit den pfeilförmigen weißen Flecken auf der Oberseite. Die magentaroten Blütenknöpfe erscheinen im Mai und erneuern sich meist den ganzen Sommer über. Im Winter stirbt das Laub ab, im Frühjahr treibt die Pflanze neu aus.

In Topf und Garten

BRAUCHT einen nährstoffreichen, durchlässigen, nicht zu feuchten Boden.

GEDEIHT fast überall. Rotklee ist ein Allrounder. Er wächst auf allen Böden, von sandig bis lehmig, in Sonne und Halbschatten. Am besten gedeiht er im Gartenboden. Eine Kultur ist aber auch im Hochbeet möglich oder in einem Kübel, der tief genug ist.

Erntezeit

Jan. | Febr. | März | April | **Mai** | **Juni** | **Juli** | **August** | **Sept.** | **Okt.** | Nov. | Dez.

WOHER? Wildpflanzengärtnereien bieten Pflanzen an. Die Samen sind in jedem Gartenhandel erhältlich, da Rotklee als Gründünger gebräuchlich ist. Für die Sprossenanzucht sollten Sie sich jedoch auf jeden Fall spezielles Keimsaatgut besorgen.

Rotkleeblüten locken mit ihrem süßen Nektar Honigbienen und Schmetterlinge an.

Anbauen

GARTEN: Der Anbau ist einfach. Am besten sät man Rotklee von März bis Mai, auch Juli/August ist möglich. Wählen Sie dafür eine Ecke im Gemüsegarten und fügen Sie dem gelockerten Boden eine fingerdicke Schicht reifen Kompost hinzu. Da er ein Lichtkeimer ist, die Samen gut festdrücken und nur ganz leicht mit Erde bedecken. Sie keimen meist problemlos. Später vereinzeln Sie zu eng stehende Pflänzchen. Im ersten Jahr treibt Rotklee meist nur Blätter, die Blüten erscheinen im zweiten Jahr.

BALKON UND TERRASSE: Eine Kultur auf dem Balkon ist wegen der tiefgehenden Wurzel nur in einem tiefen Gefäß möglich. Besser ist es, ihn in einem Hochbeet anzubauen. Die Erde sollte nahrhaft sein. Im zweiten Jahr fügt man etwas organischen Langzeitdünger dazu. Rotklee ist robust und übersteht auch mal Trockenheitsphasen.

PFLEGE: Rotklee treibt nach jedem Schnitt neue Blätter nach. So sind immer junge Triebe und oft auch neue Blüten zum Ernten verfügbar.

Frauenpflanze Rotklee

Rotklee enthält Gerbstoffe, ätherisches Öl, Cumarine und Vitamin C. Vor allem in Blüten und Sprossen sind Isoflavone enthalten. Das sind hormonaktive Stoffe, also Phytoöstrogene, die für Frauen in den Wechseljahren als Alternative zur umstrittenen Hormontherapie zunehmend an Bedeutung gewinnen. Studien zeigen, dass Rotklee-Extrakte klimakterische Beschwerden lindern und somit als sanfte, verträgliche Therapie verwendbar sind. Zudem sagt man Rotklee eine positive Wirkung auf einen erhöhten Cholesterinspiegel nach. Ob Rotklee vorbeugend gegen Krebs wirkt, wird noch erforscht. In der Volksmedizin wird Rotklee als Tee bei Husten und Atemwegserkrankungen empfohlen.

IN DER KÜCHE

Essbar sind Blätter und Blüten. Verwenden Sie die jungen, zarten Blätter. Man kann sie für Salat, Gemüsegerichte oder in Smoothies verwenden. Der Hit in der Wildkräuterküche sind die Blüten. Sie schmecken mild, etwas süßlich und sind eine schöne essbare Garnitur. Rotkleeblüten passen gut zu grünem Salat, in Kräuterquark oder Dips. Man kann aus ihnen Sirup, Sommergetränke und Desserts zubereiten oder einen Essig damit aromatisieren. Für einen Tee aus Rotklee überbrühen Sie drei bis vier Blütenköpfe pro Tasse. Rotkleesprossen sind reich an Mineralien. Sie schmecken mild und nussig und verfeinern Salate, Suppen, Kräuterquark und Bratlinge.

KÜCHEN-TIPP

Rotklee-Sprossen

Weichen Sie Rotklee-Keimsamen über Nacht in Wasser ein und füllen Sie ihn in ein Keimglas. Zweimal täglich mit frischem Wasser durchspülen. Nach fünf bis sechs Tagen sind die Sprossen verzehrfertig.

Karotten-Kohlrabi-Salat mit Rotklee

- 200 g Kohlrabi
- 200 g Karotten
- 1 Apfel
- 1 Handvoll junge Rotkleeblätter
- 4 EL Apfelessig
- 2 TL Honig
- 6 EL Walnussöl
- Salz, Pfeffer aus der Mühle
- 4–5 Rotkleeblüten

Den Kohlrabi schälen, das Gemüse und den Apfel waschen, putzen und raspeln. Die kleinen Kohlrabiblättchen zum Garnieren beiseitelegen. Die Kleeblätter fein hacken.

Aus Essig, Honig, Öl, Salz und Pfeffer eine Marinade rühren. Die Salatzutaten in einer Schüssel mischen und die Marinade unterheben. Die Kleeblüten auseinanderzupfen und den Salat mit den Blütenblättern und den Kohlrabiblättchen garnieren.

Erdbeeren mit Schokowiesenklee

- 100 g dunkle Kuvertüre
- 1 Handvoll Rotkleeblüten mit 2–3 cm langem Stielen
- 250 g Erdbeeren

Die Kuvertüre im Wasserbad schmelzen lassen. Die Kleeblüten am Stiel anfassen, in die warme Kuvertüre tauchen und auf einer mit Backpapier ausgelegten Platte im Kühlschrank einige Zeit erkalten lassen.

Die Erdbeeren waschen, in Scheiben schneiden, auf einer Platte anrichten und mit dem Schokowiesenklee garnieren.

- ★ Das Rezept kommt bei Kindern sehr gut an. Die Schokokleekugeln nennt man auch Wiesenpralinen. Sie sehen aus wie Schokoladenkirschen und werden gerne als Kuchen- und Dessertgarnitur verwendet.
- ★ Probieren Sie das Rezept auch mit Gundermannblättchen.

Gebratene Zucchini mit Rotklee

- 1–2 mittelgroße Zucchini
- etwas Olivenöl zum Braten
- 1 EL Balsamicoessig
- Salz, Pfeffer aus der Mühle
- 2 EL Olivenöl
- 5–6 Rotkleeblüten

Die Zucchini in Scheiben schneiden. Ein wenig Olivenöl in einer Pfanne erhitzen und die Zucchini darin von beiden Seiten anbraten. Herausnehmen und nebeneinander auf einer Platte anrichten. Mit dem Essig beträufeln, salzen und pfeffern.

Zum Schluss das Olivenöl gleichmäßig über den Zucchinischeiben verteilen. Die Rotkleeblüten auseinanderzupfen und über die Zucchinischeiben streuen.

★ Die Zucchini können als Antipasti gereicht werden. Sie schmecken warm oder kalt.

Sauerampfer

Rumex acetosa

Wer es **frisch und zitronensauer** mag, wird Wiesensauerampfer lieben. Im zeitigen Frühjahr die ersten Blättchen schneiden und Suppen, Salate und Saucen damit verfeinern, ist ein Genuss! Der lateinische Name acetosa leitet sich von acetum, Essig, ab. Als die Zitrone in unseren Breiten noch unbekannt war, spielte Sauerampfer als **Vitamin-C-Spender** eine wichtige Rolle.

In der Natur

Wiesensauerampfer gehört zu den Knöterichgewächsen. Er ist mehrjährig und wächst auf nährstoffreichen Wiesen und Weiden. Man findet ihn am Wegrand oder als Unkraut im Garten. Die langgestielten Grundblätter im Frühjahr sind besonders saftig und zart. Später im Mai, wenn die Blütenstängel treiben, werden die Blätter am Stängel schmal und spitz zulaufend. Sie sind dann härter und ab Juni enthalten sie mehr Oxalsäure. In der rostfarbenen Blütenrispe reifen viele Samen, durch die sich Wiesensauerampfer flott ausbreitet.

In Topf und Garten

BRAUCHT feuchten, humosen, nährstoffreichen und leicht sauren Boden. Er kommt sowohl mit einem Platz in der Sonne als auch im Halbschatten zurecht.

GEDEIHT im Garten und auf dem Balkon. Sauerampfer auf dem Balkon anzubauen, ist unproblematisch. Er ist mit einem mittelgroßen Topf zufrieden. Auch im Balkonkasten gedeiht er gut und bleibt lange erhalten.

WOHER? In einer Wildpflanzen- oder Kräuter-Gärtnerei erhält man Jungpflanzen oder Samen des Wiesensauerampfers. In Gartencentern wird meist eine Kulturform angeboten, der Gartensauerampfer. Er bringt mehr Blattmasse und geht später in Blüte. So kann man mehr davon ernten. Gartensauerampfer hat ähnliche Inhaltsstoffe wie die Wildform.

Erntezeit

Jan. Febr. März April Mai Juni Juli August Sept. Okt. Nov. Dez.

Anbauen

GARTEN: Sauerampfer passt in die Wiese, an den Rand des Rasens oder in ein Staudenbeet. Bessern Sie den Boden mit etwas Kompost auf und pflanzen Sie ihn im Wildkräuterbeet beispielsweise zusammen mit Löwenzahn.

BALKON UND TERRASSE: Die Anzucht auf der Fensterbank funktioniert gut. Die Samen keimen schnell. Säen Sie sie im März in eine Schale mit Anzuchterde. Später setzen Sie die Pflänzchen einzeln oder in Gruppen in Töpfe und stellen Sie sie nach draußen. Wenn Sie Sauerampfer den Sommer über in Abständen nachsäen, können Sie stets neue, zarte Blättchen ernten.

PFLEGE: Ein regelmäßiger Schnitt fördert einen neuen Austrieb. Die Kultur ist unproblematisch, Sauerampfer ist robust. Am besten entwickelt er sich, wenn er feucht gehalten wird, er übersteht aber auch Trockenheitsphasen.

Erfrischender Sauerampfer

Die Blätter enthalten Gerbstoffe, Flavonoide, Eisen, Carotin und reichlich Vitamin C. Außerdem enthalten die Blätter Oxalsäure. Frische Sauerampferblätter werden in der Volksheilkunde besonders im Frühjahr verwendet, da sie harntreibend wirken und das Immunsystem stärken. Aufgrund seiner Inhaltsstoffe fördert Sauerampfer die Magen- und Gallensaftsekretion. Schwere Speisen werden mit klein geschnittenen Sauerampferblättchen verdaulicher. Verwenden Sie die Pflanze aber nur in geringen Mengen und nicht über einen längeren Zeitraum, da große Mengen Oxalsäure die Gesundheit beeinträchtigen können. Nierenkranke sollten nur geringe Mengen Sauerampferblätter essen. Auch während der Schwangerschaft ist Zurückhaltung angesagt. Milch und auch Sahne können die Oxalsäure mildern.

Im Frühjahr sind die Blätter am saftigsten und enthalten nur wenig Oxalsäure.

IN DER KÜCHE

Essbar sind Blätter und Blüten. Kinder mögen Sauerampfer. Die zitronig-sauren Blätter schmecken im zeitigen Frühjahr am zartesten. Sie passen zu allen Gerichten, die durch etwas Säure verfeinert werden, zum Beispiel Fischgerichte. Aber auch in Blattsalaten, Kräuterquark oder Smoothies machen sie sich gut. Sahnesüppchen verleihen die zarten, in feine Streifen geschnittenen Blätter eine besondere Note. Allerdings sollte man sie erst beim Anrichten in die Teller geben, da sie beim Erhitzen braun werden. Ein Esslöffel frisches Kraut genügt. In der berühmten Frankfurter Grünen Soße ist Sauerampfer ein wichtiger Bestandteil. Sauerampferblätter kann man auch trocknen.

KÜCHEN-TIPP

Probieren Sie auch die Verwandten des heimischen Sauerampfers: Schildampfer und Blutampfer. Blutampfer sieht attraktiv aus, schmeckt fein und etwas milder.

Kräutercreme mit Sauerampfer

- 1 Ei
- 1 Essiggurke
- 1 Handvoll Sauerampferblätter
- 200 g Frischkäse
- 200 g Naturjoghurt
- Salz, Pfeffer aus der Mühle

Das Ei hart kochen, abschrecken und schälen. Dann die Gurke, die Sauerampferblätter und das Ei fein hacken.

Den Frischkäse mit dem Joghurt glatt rühren. Ei, Gurke und Sauerampfer unterheben. Die Creme mit Salz und Pfeffer abschmecken.

★ Der Kräuterdip kann aus verschiedensten Kräutern hergestellt werden. Gut schmeckt er beispielsweise auch mit Bärlauch, Vogelmiere oder essbaren Blüten. Reichen Sie die Creme zu einem rustikalen Brot oder Pellkartoffeln.

Sauerampfer-Frischkäse-Nocken

- 1 kleine rote Paprikaschote
- 20 g Sesamsamen
- 200 g Ziegenfrischkäse
- 200 g Frischkäse
- 1 kleines Bund Sauerampferblätter
- Salz

Die Paprikaschote entkernen und waschen, ein Viertel davon zum Garnieren beiseitelegen. Die restliche Paprika klein würfeln. Den Sesam in einer Pfanne leicht anrösten.

Die beiden Frischkäsesorten gut miteinander verrühren, Paprika und Sesam unterheben. Die Sauerampferblätter fein hacken und unter die Käsemasse geben. Mit Salz abschmecken.

Mithilfe von zwei Teelöffeln kleine Nocken daraus formen und auf einer Platte anrichten. Die restliche Paprika in dünne Streifen schneiden und die Nocken damit garnieren.

Schollenfiletröllchen mit Sauerampfer

- 2 Zitronen
- 8 kleine Schollenfilets (mit msc- oder asc-Siegel)
- Salz, Pfeffer aus der Mühle
- 1 Bund Sauerampferblätter
- 300 ml Fischfond
- 100 ml Weißwein
- 100 ml Sahne
- 1–2 EL Speisestärke

Den Saft von 1 Zitrone auspressen. Die andere Zitrone in Scheiben schneiden. Die Fischfilets säubern, mit Salz und Pfeffer würzen und mit dem Zitronensaft beträufeln.

Die Sauerampferblätter fein hacken und die Filets damit bestreuen, dann zusammenrollen und mit je einem Zahnstocher feststecken. Den Fischfond mit dem Wein und der Sahne aufkochen, die Fischröllchen bei geringer Hitze darin 10–15 Minuten ziehen lassen.

Die Röllchen aus dem Sud nehmen und warm halten. Die Soße nach Belieben mit Stärke andicken. Dazu die Stärke mit etwas kaltem Wasser glatt rühren, in die Sauce geben und kurz aufkochen lassen. Die Fischröllchen in die Soße geben und mit Sauerampferblättern und Zitronenscheiben garnieren.

★ Dazu passt eine Wildreismischung oder auch Basmatireis. Das Rezept kann auch mit Vogelmiere oder jungen Gierschblättern zubereitet werden.

Sauerampfersüpple im Glas

- 2 Frühlingszwiebeln
- 40 g Butter
- 40 g Dinkelmehl
- 700 ml Gemüsebrühe
- 1 Handvoll Sauerampferblätter
- 1 Apfel
- 200 ml Sahne

Die Zwiebeln fein hacken. Butter in einem Topf schmelzen, die Zwiebeln dazugeben und kurz andünsten. Das Mehl darüberstreuen und unter stetigem Rühren die Gemüsebrühe dazugießen. Kurz aufkochen lassen. Vier schöne Sauerampferblätter für die Garnitur beiseitelegen. Das restliche Kraut fein hacken. Den Apfel schälen und reiben.

Die Sahne steif schlagen, einen Teil für die Garnitur beiseitestellen. Das gehackte Kraut, den Apfel und die restliche Schlagsahne zur Suppe geben und kurz pürieren. In Gläser füllen, mit restlicher Schlagsahne und Sauerampferblättern garnieren.

★ Das Süpple schmeckt auch gut mit Bärlauch.

Schafgarbe

Achillea millefolium

Seit der Antike ist die Schafgarbe bekannt und bietet von jeher Stoff für Sagen und Mythen. So soll Achilles im Trojanischen Krieg verwundete Soldaten damit behandelt haben. Im Mittelalter nutzten Frauen Schafgarbe als Heilpflanze und **Liebesorakel**. Das wegen seiner Blattform auch „Augenbraue der Venus" genannte Kraut ist weltweit verbreitet und hat als **Küchen- und Heilpflanze** einiges zu bieten.

In der Natur

Schafgarbe wächst auf sonnigen Wiesen und Weiden, auf Schutthalden oder an Wegrändern. Das ausdauernde Kraut, das zu den Korbblütlern gehört und etwa 60 cm hoch wird, bevorzugt eher trockene Standorte und Böden, die ausreichend mit Nährstoffen versorgt sind. Die Pflanze vermehrt sich durch lange Wurzelausläufer. Im Frühjahr treiben die schmalen, gefiederten Blätter aus. Ab Juni blüht sie mit winzigen weißen Korbblüten, die doldenartig angeordnet sind. Die Blütezeit erstreckt sich über einen sehr langen Zeitraum. Bis in den Herbst hinein kann man die hübschen weißen Blüten entdecken, die auch getrocknet gut aussehen.

In Topf und Garten

BRAUCHT sonnigen Standort, davon abgesehen ist die robuste Staude anspruchslos und einfach anzubauen.
GEDEIHT in gut durchlässigem, trockenem Boden.
WOHER? Sie erhalten die Schafgarbe in Gärtnereien. Oder Sie fragen, ob sie in einem benachbarten Garten Pflänzchen ausgraben dürfen. Schafgarbe können Sie leicht durch Wurzelteilung vermehren.

Erntezeit

Jan. Febr. März April Mai Juni Juli August Sept. Okt. Nov. Dez.

Die Schafgarbe hat eine sehr lange Blütezeit.

Anbauen

GARTEN: Schafgarbe gedeiht gut in einer Kräuterspirale. Auch ein Kräuterbeet in sonniger Südlage ist ein idealer Platz. Am besten magert man den Boden vorher mit Sand und Kies ab. Auch im Rasen kann die Staude Fuß fassen, wenn der Rasenmäher hoch genug eingestellt ist. Pflanzen Sie die Setzlinge in durchlässigen Boden, der Kompost enthält.

BALKON UND TERRASSE: Wegen den langen Wurzeln sollten Sie Schafgarbe in einem großen Gefäß kultivieren, etwa in einem Kübel. Um Ableger zu gewinnen, teilt man die Wurzel entweder durch einen Schnitt oder reißt sie vorsichtig auseinander. Schneiden Sie die Wurzeln der Setzlinge etwas zurück, dann wachsen sie besser an. Eine Aussaat ist ebenfalls möglich. Da die Samen Lichtkeimer sind, bedecken Sie sie nur leicht mit Erde oder drücken Sie sie einfach nur fest an. Sie können Schafgarbe im März in einer Saatschale an der Fensterbank vorziehen und später nach draußen verpflanzen, mit einem Abstand von etwa 30 cm.

PFLEGE: Die Pflanze ist absolut frosthart und robust, sie übersteht Trockenperioden ohne weiteres. Auch wenn nicht regelmäßig gegossen wird, wächst die Pflanze. Wie bei allen Stauden empfiehlt sich ein Rückschnitt der welken Stängel im Frühjahr.

Multitalent Schafgarbe

Schafgarbenblätter enthalten reichlich Bitter- und Gerbstoffe. Weitere Inhaltsstoffe sind Flavonoide (Luteolin und Rutin) sowie Cumarine und Schleimstoffe und etwas ätherisches Öl. Außerdem enthält die Pflanze Phenolsäure, der man eine antioxidative Wirkung nachsagt. Auch Vitamine und Mineralien sind enthalten, vor allem Kalium. Schafgarbe gilt allgemein als Kräftigungsmittel. Durch ihr breites Inhaltsspektrum hat sie mehrere positive Wirkungen. So fördert Schafgarbe die Produktion von Verdauungssäften und regt den Appetit an. Für therapeutische Zwecke verwendet man das blühende Kraut, das reich an ätherischen Ölen ist. Es wirkt krampflösend, antibakteriell, hilft bei Magen- und Darmbeschwerden und Schleimhautreizungen. Bei Menstruationsbeschwerden, Krämpfen und Schmerzen kann Schafgarbentee Linderung bringen. Seit alters her wird Schafgarbe in der Volksmedizin zur Blutstillung und Wundheilung eingesetzt, das empfahl auch Hildegard von Bingen.

VITAL-TIPP

Die Schafgarbe ist ein besonders nährstoffreiches Superfood. Bereits zwei, drei Blätter decken einen Teil unseres Tagesbedarfs an Mineralien und Vitalstoffen.

IN DER KÜCHE

Essbar sind Blätter und Blüten. Schafgarbenblätter sind ein kräftig-würziges Küchenkraut. Im Frühjahr schmecken sie zart nussig, aromatisch und leicht bitter. Man verwendet sie roh in Salaten, Dipps und im Kräuterquark oder gekocht in Quiches, Hackfleisch und deftigen Gerichten. Wie Salbei kann man Schafgarbenblätter in Butter anbraten und über Gnocchi, Kartoffeln oder Nudeln geben. Fetthaltige Speisen werden mit ein paar Blättchen des Krautes bekömmlicher. Fein schmeckt auch Schafgarbenbutter. Mit Schafgarbenblättern, -blüten und mit anderen Kräutern können Sie einen aromatischen Essig aufsetzen. Die Blüten schmecken scharf-pfeffrig und geben Gerichten eine angenehm würzige Note.

Gemüse-Dinkel-Pfanne mit Schafgarbe

- 250 g Koch-Dinkel
- 500 ml kräftige Brühe
- 2 Zwiebeln
- 1 Knoblauchzehe
- 3 Karotten
- 2 Zucchini
- etwas Öl zum Andünsten
- 2 Handvoll junge Schafgarbenblätter
- Curry
- Kräutersalz

Den Koch-Dinkel in der Brühe nach Packungsanleitung garen. Die Zwiebeln und den Knoblauch schälen und fein würfeln. Die Karotten schälen, Karotten und Zucchini waschen und klein würfeln.

Etwas Öl in einer Pfanne erhitzen, Zwiebeln und Knoblauch darin andünsten. Die Karotten und die Zucchini dazugeben und in der Pfanne etwa 10 Minuten bissfest dünsten. Die Schafgarbenblätter fein schneiden und zusammen mit dem gekochten Dinkel dazugeben. Alles miteinander vermengen. Mit Curry und Salz abschmecken.

★ Koch-Dinkel ist ein aufbereiteter, geschälter Bio-Dinkel, der schnell gar wird und wie Reis verwendet wird. Sie erhalten ihn im Reformhaus oder Bioladen. Als Alternative können Sie Reis verwenden. Bleibt etwas übrig, verwenden Sie die Reste für Getreidesalat oder mit einem Ei verrührt für Bratlinge.

Apfel-Zwiebel-Aufstrich

- 2 Zwiebeln
- 1 Knoblauchzehe
- 100 g Walnüsse
- 100 g Butter, zimmerwarm
- 2 Äpfel
- 1 Handvoll Schafgarbenblätter
- Salz, Pfeffer aus der Mühle

Die Zwiebeln und den Knoblauch schälen und klein schneiden. Die Walnüsse fein hacken und in einer Pfanne ohne Fett leicht anrösten. Herausnehmen. Etwas Butter erhitzen und Zwiebeln und Knoblauch darin kurz anbraten. Die Äpfel entkernen und raspeln. Die Schafgarbenblätter klein schneiden. Alle Zutaten miteinander vermischen, pürieren und mit Salz und Pfeffer abschmecken.

Kartoffelpuffer mit Radieschendip

FÜR DEN DIP:

- 3 Radieschen (auch die Blätter können mit verwendet werden)
- 3–4 junge Stängel Schafgarbe
- 200 g saure Sahne
- Salz, Pfeffer aus der Mühle

FÜR DIE KARTOFFELPUFFER:

- 1 kg Kartoffel
- 1 Handvoll Schafgarbenblätter
- 2 Eier
- 2 EL Mehl
- 2 EL Haferflocken
- frisch geriebene Muskatnuss
- Salz
- etwas Öl zum Braten

Für den Dip die Radieschen waschen, raspeln, die Schafgarbe fein hacken und beides mit dem Sauerrahm mischen. Mit Salz und Pfeffer abschmecken.

Für die Puffer die Kartoffeln schälen und reiben. In ein Sieb geben und gut ausdrücken. Die Schafgarbenblätter fein hacken. In eine Schüssel geben. Kartoffelraspel, Eier, Mehl, Haferflocken, Muskatnuss und Salz dazugeben und alles gut miteinander mischen.

Etwas Öl in einer Pfanne erhitzen und darin portionsweise kleine Puffer ausbacken. Fertige Kartoffelpuffer warm stellen. Mit dem Radieschendip servieren.

★ Die Puffer passen gut zu geräuchertem Lachs.

HerbstGenüsse

Pasta mit Brokkoli-Walnuss-Soße

- 400 g Pasta nach Wahl
- Salz
- 500 g Brokkoli
- 1 Zwiebel
- 50 g Walnüsse
- 2 Handvoll Wildkräuter, z. B. Spitzwegerich, Guter Heinrich, Schafgarbe, Dost
- etwas Öl zum Anbraten
- 200 ml Sahne
- 200 ml Gemüsebrühe
- Pfeffer aus der Mühle
- 2–3 EL Speisestärke nach Bedarf
- 50 g alter Bergkäse

Die Pasta in reichlich Salzwasser bissfest kochen, abgießen und warmhalten. Den Brokkoli waschen, in kleine Stücke schneiden und etwa 5 Minuten in etwas Wasser dünsten.

Den Backofen auf 180 °C vorheizen. Die Zwiebel schälen, die Walnüsse und die Wildkräuter hacken und in etwas Öl leicht anbraten, den Brokkoli dazugeben und mit Sahne und Gemüsebrühe aufgießen, mit Salz und Pfeffer abschmecken. Falls die Soße zu dünnflüssig ist, mit etwas Speisestärke andicken.

Die Pasta in eine Auflaufform geben, mit der Brokkoli-Walnuss-Soße übergießen. Den Käse raspeln und über das Pastagericht streuen. Etwa 10 Minuten im vorgeheizten Ofen überbacken.

Die Pasta schmeckt zum Beispiel auch mit Erbsen oder Blumenkohl lecker.

Herbstlicher Obstsalat

- 1 Zitrone
- 2 Äpfel
- 2 Birnen
- 200 g Trauben
- 30 g Walnüsse
- 1 EL Ahornsirup
- 1–2 EL Brennnesselfrüchte

Die Zitrone auspressen und das Obst waschen. Die Äpfel und Birnen entkernen, würfeln und sofort mit dem Zitronensaft beträufeln. Die Trauben halbieren und die Nüsse hacken. Das Obst und die Nüsse locker in einer Schüssel mischen und mit dem Sirup abschmecken. Mit den Brennnesselfrüchten garnieren.

Wildkräuter-Spaghetti

- 500 g Spaghetti
- Salz
- 2 Handvoll Wildkräuter, z. B. junge Blätter von Schafgarbe, Spitzwegerich, Franzosenkraut und Brennnesselfrüchte
- 50 g Parmesan
- 5 Eier
- 200 ml Sahne
- Pfeffer aus der Mühle

Die Spaghetti in Salzwasser bissfest kochen. Inzwischen die Wildkräuter fein hacken, einen Teil zum Garnieren beiseitelegen. Den Parmesan reiben. Eier, Sahne, Salz und Pfeffer verquirlen und in einer tiefen Pfanne erwärmen.

Die Spaghetti abgießen, abtropfen lassen und noch heiß dazugeben. Parmesan und Wildkräuter in die Pfanne geben, leicht unterheben, bis die Ei-Sahne-Masse stockt. Mit den Wildkräutern garnieren. Dazu passt ein Blattsalat.

Spitzkohl-Salat

- 600 g Spitzkohl
- 1 Karotte
- 3 EL Weißweinessig
- 3 EL Rapsöl
- 1 EL Walnussöl
- 1 EL Quittengelee
- Meersalz
- weißer Pfeffer aus der Mühle
- 1 Handvoll Wildkräuter, z. B. Schafgarbe und Vogelmiere
- 1 EL Brennnesselfrüchte

Vom Spitzkohl den Strunk entfernen, den Kohl sehr fein schneiden oder hobeln und waschen. Die Karotte schälen und fein raspeln. Karottenraspel und Spitzkohlstreifen in eine Schüssel geben und sofort mit Essig, Öl, dem Quittengelee, Salz und Pfeffer würzen und gut vermengen. 30 Minuten ziehen lassen. Die Wildkräuter fein hacken und dazugeben. Nochmals abschmecken, mit Brennnesselfrüchten bestreuen.

Gebackener Kürbis mit Salsa

FÜR DEN KÜRBIS:

- 750 g Kürbis, z. B. Muskatkürbis oder Hokkaido
- Olivenöl zum Einpinseln
- Meersalz

FÜR DIE SALSA:

- 25 g Wildkräuter, z. B. Schafgarbe, Dost, Spitzwegerich, Vogelmiere
- 1 Knoblauchzehe
- ½ rote Paprikaschote
- 90–100 ml Olivenöl
- 1 TL Balsamicoessig
- Meersalz
- Pfeffer aus der Mühle

Den Backofen auf 200 °C vorheizen. Den Kürbis putzen und die Kerne entfernen. Muskatkürbis muss man schälen, Hokkaido kann man mit Schale verwenden. Den Kürbis in 12 gleich große, etwa 3 cm dicke Spalten schneiden. Mit dem Olivenöl einpinseln und mit Salz würzen. Im vorgeheizten Ofen 30–40 Minuten backen.

Für die Salsa die Wildkräuter sehr fein hacken. Die Knoblauchzehe schälen und durchpressen. Die Paprikaschote putzen, waschen und fein würfeln. Beides in eine Schüssel geben, das Olivenöl und den Essig dazugeben, verrühren und mit Salz und Pfeffer abschmecken. Die Salsa zu den gebackenen Kürbisscheiben reichen.

Scharbockskraut

Ranunculus ficaria

Scharbockskraut ist eines der ersten Frühlingskräuter. Sein Name geht auf das Wort „Scharbock" zurück, eine altertümliche niederländische Bezeichnung für Skorbut. Tatsächlich steckt in den grün glänzenden Blättchen, die schon früh im Jahr sprießen, eine gute Portion Vitamin C. Scharbockskraut gehört zu den Hahnenfußgewächsen.

In der Natur

Scharbockskraut wächst entlang von Bächen, in Feuchtgebieten, am Waldrand und im lichten Laubwald sowie in Gärten mit kalkigem Lehmboden. Das ausdauernde Kraut wird nur zehn Zentimeter hoch. Schon im Februar treiben aus den kleinen, länglichen Wurzelknöllchen glänzende Blätter aus. Die Pflanze breitet sich schnell aus und überdeckt dann große Flächen. Deshalb wird sie als „Unkraut" bezeichnet. Im März bis April erscheinen die glänzenden, gelben Blüten. Danach werden die Blätter gelb. Im Mai bis Juni zieht das Kraut ein. Für den Rest des Jahres ist es komplett im Erdreich verschwunden und sammelt Kraft in den kleinen, länglichen Wurzelknöllchen. Das Scharbockskraut ist daher keine Konkurrenz für die Kulturpflanzen in der Hauptwachstumszeit. Also, liebe Gärtner: Rupft es nicht aus, sondern habt einfach etwas Geduld mit dem Scharbockskraut!

In Topf und Garten

BRAUCHT nährstoffreichen, humosen, feuchten Boden. Scharbockskraut ist kalkliebend.

GEDEIHT auf sonnigen bis schattigen Standorten sowie in der Nähe von Gehölz.

WOHER? Scharbockskraut wächst in vielen Gärten. Wurzelknollen zu bekommen sollte daher kein Problem sein. Manche Wildkräutergärtnereien führen Pflänzchen.

Erntezeit

Jan. | **Febr.** | **März** | April | Mai | Juni | Juli | August | Sept. | Okt. | Nov. | Dez.

Die Blätter werden vor dem Erscheinen der Blüten geerntet.

Jungpflanzen mit den typischen Wurzelknöllchen.

Anbauen

GARTEN: Im Garten sollten Sie das Kraut, wenn überhaupt, nur am Rand ansiedeln. An einer halbschattigen Stelle die Wurzelknöllchen 5–10 cm tief in die Erde stecken und sich selbst überlassen. In Trockenperioden wässern.

BALKON UND TERRASSE: Graben Sie im Mai oder Juni Wurzelknöllchen aus und setzen Sie sie in Töpfe mit Erde. Da Scharbockskraut niedrig wächst und im Sommer einzieht, eignet es sich auch gut als Unterpflanzung, etwa in einem Kübel mit Beeren, Obst- oder Ziergehölzen.

PFLEGE: Im Garten ist keine Pflege nötig. Im Topf die Erde nach dem Bepflanzen feucht halten, ab Mai kaum noch gießen. Ein Topf mit Scharbockskraut verträgt im Sommer auch mal Trockenheit.

Vitaminspender Scharbockskraut

Die Blätter des Scharbockskrautes enthalten Vitamin C, Gerbstoffe und Saponine. Die Schärfe in den Blättern geht auf Ranunculin und seine Abbauprodukte zurück, die im Übermaß genossen nicht gesundheitsförderlich sind. Deshalb sollte man Scharbockskraut nur bis zur beginnenden Blüte und nicht übermäßig viel davon essen. Die Pflanze wirkt blutreinigend und stärkt durch den Vitamin-C-Gehalt die Immunkräfte, was im ausgehenden Winter besonders willkommen ist. Scharbockskraut wird gerne zur allgemeinen Vitalisierung und gegen die Frühjahrsmüdigkeit eingesetzt.

GARTEN-TIPP

Vorteilhaft ist es, wenn Scharbockskraut in Ihrem Garten sowohl an sonnigen als auch schattigen Plätzen wächst. In der Sonne können Sie früh ernten, im Schatten später im Jahr, weil es hier erst später blüht.

IN DER KÜCHE

Essbar sind Blätter und Wurzelknöllchen. Scharbockskraut ist eines der wichtigen Winterwildkräuter. Aufgrund des leicht säuerlichen, scharfen Geschmacks sind die Blätter eine würzige Zutat in Salaten. Auch für Smoothies, Dips oder für einen Kräuterquark sind sie geeignet. Verwendet man Scharbockskraut wegen des Vitamin-C-Gehalts, sollte man es roh verzehren, andernfalls kann man es auch mitgaren, etwa in Gemüsegerichten, Bratlingen oder in Semmelknödeln. Auch im Brotteig kann man es verwenden. Dosieren Sie die Blätter esslöffelweise.

Pastinaken-Apfel-Rohkost

- 300 g Pastinaken
- 3 Äpfel
- 2 EL Weißweinessig
- 2 EL Apfelsaft
- Saft von ½ Zitrone
- 100 g Joghurt
- 2 EL Walnussöl
- Salz, Pfeffer aus der Mühle
- 1 Handvoll Scharbockskrautblätter
- 1–2 cm Meerrettichwurzel
- 2–3 EL Rotkleesprossen

Die Pastinaken schälen und waschen, die Äpfel waschen, entkernen und beides fein raspeln. Aus Essig, Apfelsaft, Zitronensaft, Joghurt, Öl, Salz und Pfeffer eine Marinade rühren. Mit den Pastinaken und den Äpfel in einer Schüssel mischen.

Die Wildkräuter waschen, kleiner zupfen, einige zum Garnieren beiseitelegen. Die Meerrettichwurzel schälen, fein raspeln und unter die Rohkost mischen. Die Rotkleesprossen in einem Sieb gut abspülen und abtropfen lassen. Zum Schluss das Scharbockskraut und die Rotkleesprossen über den Rohkostsalat geben.

Nussmüsli mit Scharbockskraut

- 50 g Haselnüsse
- 150 g feine Dinkelflocken
- 400 ml Milch
- 1 Apfel
- 50 g getrocknete Pflaumen
- 1 TL Leinöl
- 1–2 EL Ahornsirup
- 10–15 Scharbockskrautblätter

Die Haselnüsse hacken. Dinkelflocken, Haselnüsse und Milch miteinander verrühren. Den Apfel waschen, entkernen und klein schneiden. Die Pflaumen ebenfalls klein schneiden. Beides zur Dinkelflockenmischung geben.

Das Leinöl hinzufügen und alles verrühren. Das Müsli mit dem Ahornsirup abschmecken. Einige Minuten ziehen lassen. Das Scharbockskraut fein schneiden und zum Schluss unter das Müsli heben.

Bulgursalat mit Scharbockskraut

- 200 g Bulgur (Weizengrütze)
- 400 ml Gemüsebrühe, evtl. etwas mehr
- 1 rote Paprikaschote
- 3 Tomaten
- 3 EL Apfelessig
- 4 EL Rapsöl
- Salz, Pfeffer aus der Mühle
- 1 Handvoll Scharbockskrautblätter

Den Bulgur nach Packungsanweisung in der Gemüsebrühe garen und abkühlen lassen. Die Paprikaschote waschen und putzen, die Kerne entfernen. Anschließend in Würfel schneiden.

Die Tomaten waschen, von den Stielansätzen befreien und ebenfalls würfeln.

Essig, Öl, Salz und Pfeffer zu einer Marinade verrühren. Bulgur, Paprika und Tomaten mit der Marinade mischen. Das Scharbockskraut fein hacken und zum Schluss dazugeben. Nach Belieben noch etwas Gemüsebrühe zugeben.

★ Dieser Salat schmeckt auch fein mit Gartenschaumkraut und kann prima in einem verschlossenen Behälter zum Beispiel für die Mittagspause mitgenommen werden.

Spitzwegerich

Plantago lanceolata

Der Spitzwegerich ist eine der wichtigsten **Heilpflanzen** und seit der Antike als wirksames Mittel gegen innere und äußere Beschwerden bekannt. Zur Familie der Wegeriche, die weltweit verbreitet ist, zählt auch der **Breitwegerich**, der dieselbe medizinische Bedeutung hat. Er ist äußerst zäh und behauptet sich sogar auf platt getretenen Wegen.

In der Natur

Die ausdauernde, winterharte Pflanze wächst auf Wiesen, im Rasen, am Wegrand, am Waldrand oder auf Brachflächen. Spitzwegerich siedelt sich auf normalen bis nährstoffreichen Böden an. Im Winter erscheint die grundständige Blattrosette mit den schmalen, spitz zulaufenden Blättern. Auffällig sind die parallelen Blattrippen. Ab Mai erscheinen die Blüten auf aufrechten, unverzweigten Stängeln. Die cremeweißen Staubgefäße stehen von der dunklen, walzenförmigen Blütenähre ab. In den Früchten reifen die braunen Samen. Wenn sie ausfallen, breitet sich der Spitzwegerich aus.

In Topf und Garten

BRAUCHT normalen, durchlässigen Boden, am besten einen sandigen Lehmboden. Damit sich die Wurzeln gut entwickeln können, verwenden Sie für Spitzwegerich Balkonkästen oder Töpfe, die groß genug sind.

GEDEIHT gut an einem sonnigen Platz. Spitzwegerich ist anspruchslos, auch ein Anbau im Halbschatten ist möglich.

Erntezeit

Jan. Febr. März April Mai Juni Juli August Sept. Okt. Nov. Dez.

WOHER? Da Spitzwegerich sehr verbreitet ist, wird es kein Problem sein, Pflanzen zu bekommen. Sie können entweder aus einem Bestand eine junge Pflanze ausgraben oder Sie sammeln im Juni oder Juli reife Ähren und schütteln die Samen heraus.

Spitzwegerich lässt sich gut teilen und verpflanzen.

Anbauen

GARTEN: Meistens sind Spitzwegeriche oder Breitwegeriche im Garten vorhanden. Man kann sie gut verpflanzen und beispielsweise in ein Wildstaudenbeet versetzen. Die Pflänzchen sollten einen Abstand von etwa 20 cm voneinander haben. Lockern Sie vorher den Boden und fügen Sie Kompost hinzu.

BALKON UND TERRASSE: Im März/April können Sie die Samen in Saatschalen mit Aussaaterde säen, sie keimen gut. Später vereinzeln Sie zu dicht stehende Sämlinge. Für den Anbau von Spitzwegerich im Balkonkasten mischen Sie etwas Kompost in die Topferde und halten Sie die Pflanze feucht.

PFLEGE: Spitzwegerich ist pflegeleicht und verträgt auch mal Phasen der Trockenheit. Ein Rückschnitt im Sommer fördert einen neuen Austrieb. Eine Verjüngung des Bestandes alle paar Jahre ist empfehlenswert.

VITAL-TIPP

Spitzwegerich-Wiesenpflaster. Zerdrückte Spitzwegerichblätter, deren Saft man auf Insektenstiche und Wunden tupft, desinfizieren, lindern Juckreiz und Schmerz und verhindern eine Schwellung.

Hustenhelfer Spitzwegerich

Spitzwegerichblätter enthalten Schleimstoffe, Gerbstoffe, Vitamin C, Kieselsäure sowie reichlich Zink und Kalium. Ein weiterer Inhaltsstoff ist Aucubin. Das ist ein Glykosid, das durch Enzyme aufgespaltet wird und nachweislich in frischem Zustand antibiotisch wirkt. Die Samen enthalten Öl und Schleimstoffe. Spitzwegerichblätter sind ein bewährtes Hausmittel und helfen bei Reizhusten und Entzündungen im Mund- und Rachenraum. Im Pflanzensaft der frischen, kleingeschnittenen Blätter ist die Heilkraft am größten. Im Frühjahr kräftigen sie die allgemeine Konstitution und das Immunsystem.

IN DER KÜCHE

Essbar sind Blätter und Samen. Frisch geerntet eignen sich die Blätter für Smoothies und zusammen mit anderen Wildkräutern für Salate, Brotaufstriche und Kräuter-Frischkäse. Die Blätter schmecken aromatisch nach Pilzen, besonders, wenn sie gekocht werden. Vor der Blüte sind sie am besten, später werden sie leicht bitter. Auch die zarten, noch geschlossenen Blütenknospen schmecken wie kleine Champignonstücke, ob roh oder gekocht. Man kann sie in einer Pilzrahmsuppe mitgaren, in Gemüsepfannen oder in Aufläufen. Entdecken Sie auch den noch grünen Samen für die Küche: Wenn Spitzwegerich verblüht ist, kann man ihn von der Ähre abstreifen und wie Sesamkörner verwenden oder übers Müsli streuen.

Bratlinge mit Gemüse und Spitzwegerich

- 300 g Gemüse z. B. Zucchini, Karotten, Lauch
- 100 g Champignons
- etwas Öl zum Andünsten und Braten
- 2 Eier
- 4 EL Dinkelmehl
- 1 Handvoll Spitzwegerichblätter
- Pfeffer aus der Mühle
- Meersalz

Gemüse waschen, putzen und raspeln. Die Pilze putzen und in dünne Scheiben schneiden. Alles in einer Pfanne bissfest andünsten, beiseitestellen.

Aus den Eiern und dem Dinkelmehl einen glatten Teig rühren. Die Spitzwegerichblätter fein hacken. Das Gemüse, die Pilze und den gehackten Spitzwegerich mit dem Teig verrühren und mit Salz und Pfeffer würzen. Ist der Teig zu dünn, noch etwas Mehl dazugeben.

Etwas Öl in einer Pfanne erhitzen, je 1 Esslöffel der Masse hineingeben, flach drücken und von beiden Seiten knusprig braten. Fertige Bratlinge herausnehmen und warm stellen.

★ Dazu passt ein Kräuter-Schmand-Dip.

Spitzwegerich-Suppe

- 3 mittelgroße Kartoffeln
- 1 kleine Zucchini
- 750 ml Gemüsebrühe
- 2 Handvoll junge Spitzwegerichblätter
- 250 ml Sahne
- Salz, Pfeffer aus der Mühle
- 1 EL Zitronensaft

Kartoffeln schälen und in Würfel schneiden. Die Zucchini waschen und ebenfalls würfeln. Beides in etwas Öl anbraten, dann die Gemüsebrühe dazugeben und 15 Minuten köcheln lassen.

Die Spitzwegerichblätter sehr fein hacken und zusammen mit der Sahne in die Suppe geben. Nochmals aufkochen lassen und mit Salz, Pfeffer und Zitronensaft abschmecken. Nach Belieben noch mit einem Pürierstab fein mixen.

★ Wenn Sie die Gemüsebrühe selbst herstellen möchten: 1 Zwiebel schälen, klein schneiden und in 30 g Öl andünsten. 200–300 g gemischtes Gemüse ebenfalls klein schneiden, kurz mitdünsten, 1 Liter Wasser aufgießen und alles 20–30 Minuten leise köcheln lassen. Abseihen und mit Salz abschmecken.

Putenröllchen mit Spitzwegerich

- 4 dünne Putenschnitzel aus Biohaltung
- Salz
- Pfeffer aus der Mühle
- 4 Scheiben Schwarzwälder Schinken
- 12 junge Spitzwegerichblätter
- 1 Zwiebel
- 200 g Champions
- Öl zum Braten
- 200 ml Sahne
- 1–2 EL Speisestärke
- Salz, Pfeffer aus der Mühle

Die Schnitzel mit Salz und Pfeffer würzen. Jeweils mit 1 Scheibe Schinken und 3 Spitzwegerichblättern belegen. Die Schnitzel aufrollen und mit je einem Zahnstocher feststecken.

Die Zwiebel schälen und fein hacken, die Pilze putzen und vierteln. Das Öl in einer Pfanne erhitzen und die Röllchen darin rundherum anbraten. Die Pilze und die Zwiebel dazugeben. Die Sahne angießen und alles etwa 15 Minuten köcheln lassen. Zum Schluss die Speisestärke in etwas kaltem Wasser anrühren, dazugeben und aufkochen lassen. Das Gericht mit Salz und Pfeffer abschmecken.

- Dazu passen Basmatireis und Gemüse der Saison. Wer möchte, stellt die Röllchen mit Kalbfleisch her.
- Wenn etwas übrig bleibt, die Röllchen kalt in etwa 1 cm dicke Scheiben schneiden und auf einem Sommersalat verteilen.

Vogelmiere

Stellaria media

Vogelmiere ist eine gute Einsteiger-Pflanze für Wildkräutergärtner. Sie überzeugt durch einen milden Geschmack nach jungen Maiskolben und eine unkomplizierte Kultur: Man kann sie ganzjährig auf der Fensterbank ziehen. Das zierliche, unermüdlich sprießende Kraut, das uns im Frühling so viel Energie schenkt, ist in der Küche vielseitig verwendbar.

In der Natur

Vogelmiere, die auch Hühnerdarm genannt wird, ist in verschiedenen Regionen weltweit zuhause. Bei uns sieht man sie auf offenen, nährstoffreichen Böden im Garten, auf dem Acker, im Weinberg oder auf Baumscheiben. Sie wurzelt flach und wächst locker und verzweigt. Ihre Triebe legen sich auf den Boden und dort, wo sie mit der Erde Kontakt haben, schlagen sie Wurzeln. Dadurch kann Vogelmiere eine Fläche überwuchern und zu einem Unkraut werden. Gleichzeitig schützt sie den Boden vor Austrocknung und stellt keine ernsthafte Konkurrenz für Kulturpflanzen dar. Die einjährige Pflanze ist frosthart, wächst, blüht und versamt sich das ganze Jahr über.

In Topf und Garten

BRAUCHT humosen, frischen, nährstoffreichen Boden.

GEDEIHT an vielen Standorten. Vogelmiere lässt sich sehr gut in Töpfen und Balkonkästen kultivieren, ob in der Sonne, im Halbschatten oder Schatten. Sogar im Winter auf der Fensterbank gelingt die Anzucht.

Erntezeit Jan. – Febr. – März – April – Mai – Juni – Juli – August – Sept. – Okt. – Nov. – Dez.

WOHER? Man erhält sie als Topfpflanze in Gärtnereien. Saatgut ist auch im Handel erhältlich. Oder eventuell können Sie beim Gartennachbarn Pflanzen ausgraben.

Wegen ihrer hübschen, strahlenden Blüten wird das Kraut auch Vogel-Sternmiere genannt.

Anbauen

GARTEN: Sie können die Vogelmiere einfach dort wachsen und versamen lassen, wo sie nicht stört, zum Beispiel auf einer Baumscheibe. Auch der Rand vom Komposthaufen in nährstoffreicher Erde ist ein geeigneter Platz. Man kann die Pflanzen gut teilen und versetzen. Schneiden Sie vor dem Einpflanzen die Triebe etwas zurück und kürzen Sie die Wurzeln ein. Gut wässern, bis sie die Pflanzen angewachsen sind.
BALKON UND TERRASSE: Die Anzucht aus Samen ist einfach. Säen Sie diese dünn aus, decken Sie wenig Erde darüber und halten Sie alles feucht. Nach dem Keimen hell stellen. Es empfiehlt sich, alle ein bis zwei Wochen neu auszusäen. Sobald es nicht mehr frostig ist, können Sie die Pflanzen nach draußen bringen. Kühle Temperaturen schaden ihnen nicht, ganz im Gegenteil. Halten Sie weiterhin den Topf feucht.
PFLEGE: Ein regelmäßiger Schnitt fördert den Neuaustrieb und kräftigt die Pflanze. Geben Sie ab Mai/Juni eine leichte Düngung hinzu.

GARTEN-TIPP

Zum Ernten am besten die oberen Triebspitzen mit der Schere abschneiden und nicht mit der Hand abrupfen. So vermeidet man, dass sich die empfindlichen Stängel lockern und die Pflanze herausgerissen wird.

Tausendsassa Vogelmiere

Vogelmiere enthält reichlich Mineralien wie Kalium, Magnesium, Kalzium und Eisen und toppt damit Kopfsalat um ein Vielfaches. Weitere Inhaltsstoffe sind Vitamin C, Selen, Saponine, Schleimstoffe, Flavonoide, Kieselsäure und Gamma-Linolensäure. Aufgrund seiner reichhaltigen Inhaltsstoffe wirkt das Kraut verdauungsfördernd, harntreibend, kühlend, entzündungshemmend und schleimlösend. Ein bewährtes Mittel gegen Frühjahrsmüdigkeit ist eine Kur mit Vogelmiere. Die Pflanze wirkt entgiftend und reinigend und kräftigt allgemein den Organismus. Schon seit alters her wusste man von diesen Qualitäten und nutzte Vogelmiere als Suppenkraut. Pfarrer Kneipp empfahl es als Mittel bei Lungenleiden, Husten und Verschleimung.

IN DER KÜCHE

Essbar sind Blätter, Blüten und Triebspitzen. Vogelmiere schmeckt angenehm mild und ein bisschen wie junge Maiskolben. Ernten Sie die oberen zwei bis drei Zentimeter der Stängel, sie sind besonders zart. Man kann die Triebspitzen für Smoothies, Wildkräutersalate und Gemüse verwenden. Sie harmonieren wunderbar mit anderen Wildkräutern und sind nie dominant. Lecker schmeckt auch ein Pesto aus Vogelmiere. Traditionell werden Kartoffel- und Eiergerichte sowie Suppen mit dem Kraut gewürzt. Selbst wenn Vogelmiere gegart wird, behält sie ihre frische, grüne Farbe und sieht appetitlich aus.

Linsensalat mit Vogelmiere

FÜR DEN SALAT:

- 1–2 Karotten
- 250 g Alblinsen oder Puylinsen
- 1 Schalotte
- 3 Tomaten
- 1 Handvoll Vogelmiere

FÜR DIE MARINADE:

- 2 EL Rapsöl
- 2 EL Walnussöl
- 2 EL Apfelessig
- 100 ml Gemüsebrühe
- Salz, Pfeffer aus der Mühle

Karotten schälen und würfeln. Für den Salat die Linsen mit den Karotten nach Packungsangabe garen und abgießen. Alle Zutaten für die Marinade verrühren.

Die Schalotte schälen und fein hacken. Tomaten waschen, Stielansätzen entfernen und Tomaten in Stücke schneiden. Linsen, Karotten, Schalotten und Tomaten in eine Schüssel geben und mit der Marinade mischen.

Die Vogelmiere fein hacken und zum Schluss zum Salat geben. Nochmals mit Salz, Pfeffer und Essig abschmecken und etwas durchziehen lassen.

Vitamin-Drink

- 2 Äpfel
- 1 Salatgurke
- 1–2 Handvoll Vogelmiere
- 1 Zitrone
- 1–2 TL flüssiger Honig
- nach Belieben Wasser oder Apfelsaft zum Verdünnen

Die Äpfel waschen, entkernen und würfeln. Die Gurke ebenfalls waschen und würfeln. Die Vogelmiere grob hacken. Die Zitrone auspressen und alle Zutaten in einen Mixer geben.

Auf höchster Stufe zu einem Smoothie pürieren. Nach Belieben Wasser oder Apfelsaft dazugeben.

★ Anstelle von Vogelmiere können Sie den Drink auch mit jungen Brennnessel- oder Löwenzahnblättern probieren.

Mini-Gemüsekuchen

FÜR DEN TEIG:
- 250 g Magerquark
- 400 g Dinkelmehl Type 630 und etwas Mehl für die Arbeitsfläche
- 6 EL Rapsöl
- 2 TL Weinsteinbackpulver
- 1 TL Salz

FÜR DEN BELAG:
- 250 g saure Sahne
- 1 Ei
- Salz, Pfeffer aus der Mühle
- 1 Handvoll Vogelmiere
- 1 Zucchini
- 100 g gekochter Schinken oder 50 g Champignons
- 100 g würziger Käse, z. B. Bergkäse

Aus Quark, Mehl, 120 ml Wasser, Öl, Backpulver und Salz einen geschmeidigen Teig kneten.

Die saure Sahne mit dem Ei, Salz und Pfeffer verrühren. Von der Vogelmiere ein paar schöne Triebspitzen für die Garnitur beiseitelegen. Die restliche Vogelmiere klein schneiden und unter die Ei-Sahne-Mischung heben.

Die Zucchini waschen, putzen und fein hobeln. Den Schinken in Stücke zupfen bzw. die Champignons dünn schneiden und den Käse reiben. Den Backofen auf 200° C vorheizen.

Den Teig in acht Portionen teilen. Die Teigstücke auf einer leicht bemehlten Arbeitsfläche rund ausrollen und mit der Ei-Sahne-Mischung bestreichen. Anschließend mit den Zucchinischeiben und den Schinken- oder Champignonscheiben belegen und mit dem Käse bestreuen.

Die Mini-Gemüsekuchen im vorgeheizten Ofen 20–25 Minuten backen. Vor dem Servieren mit der Vogelmiere garnieren.

★ Die Mini-Gemüsekuchen schmecken auch fein mit Räucherlachs. Sie herzustellen ist ganz einfach und macht auch zusammen mit Kindern Spaß.

WinterGenüsse

Fisch im Gemüsebett

- 400 g Karotten
- 400 g Lauch
- 150 ml Gemüsebrühe
- 150 ml trockener Weißwein
- 1 Zitrone
- 800 g Bio-Lachsfilet
- Salz, Pfeffer aus der Mühle
- 50 g Wildkräuter, z. B. Vogelmiere, Gartenschaumkraut oder Scharbockskraut

Den Backofen auf 200 °C vorheizen. Das Gemüse waschen, putzen und in dünne Streifen schneiden. Das Gemüse in eine große Auflaufform füllen, mit der Brühe und dem Wein übergießen und in den vorgeheizten Ofen stellen.

Die Zitrone auspressen. Den Fisch säubern, mit Salz und Pfeffer würzen und mit Zitronensaft beträufeln. Nach 15 Minuten Garzeit den Fisch auf das Gemüse legen und weitere 20 Minuten im Ofen garen. Dazu passt Weißbrot.

Kräuterrühreier mit Bergkäse

Kräuterrühreier mit Bergkäse

- 8 Eier
- 5 EL Mineralwasser
- 1 TL Meersalz
- 2 Handvoll gemischte Wildkräuter, z. B. Vogelmiere oder Gartenschaumkraut
- 100 g würziger Bergkäse
- 1 EL getrocknete Brennnesselfrüchte

Die Eier in eine große Schüssel aufschlagen, mit dem Mineralwasser verquirlen und mit Salz würzen. Die Wildkräuter fein hacken, den Käse reiben.

Die Eimasse in einer beschichteten Pfanne bei schwacher Hitze leicht stocken lassen. Kräuter, Brennnesselfrüchte und Käse darüberstreuen, vorsichtig wenden und goldgelb backen.

- Einen Teil der Wildkräuter kann man durch klein gehackte Zwiebeln ersetzen.
- Schmeckt auch fein mit Räucherlachs.

Wintersuppe mit Grünkern

- 1 Zwiebel
- 1 cm Ingwerwurzel
- 30 g Butter
- 50 g Grünkernschrot
- 750 ml Hühner- oder Gemüsebrühe
- 100 ml Sahne
- frisch geriebene Muskatnuss
- Salz
- 1 Handvoll Wildkräuter (Vogelmiere, Scharbockskraut, Gartenschaumkraut, Gänseblümchen)
- 2 cm Meerrettichwurzel

Die Zwiebel und die Ingwerwurzel schälen und fein hacken. Die Butter in einem Topf erhitzen und die Zwiebel- und Ingwerwürfel darin andünsten. Den Grünkernschrot zugeben und kurz mitrösten. Mit der Brühe ablöschen und etwa 20 Minuten köcheln lassen.

Die Sahne zugeben, dann die Suppe mit Muskatnuss und Salz abschmecken. Die Kräuter fein hacken, die Meerrettichwurzel schälen und fein reiben. Beides zum Schluss zur Suppe geben.

Winterblattsalate mit Walnüssen

- 1 kleiner Endiviensalat
- 1 Chicoréesalat
- 1 Handvoll Feldsalat
- 1 Handvoll Vogelmiere und Gartenschaumkraut
- 30 g Walnüsse
- 1 Apfel
- 3 EL Balsamicoessig
- 5 EL Traubenkernöl
- 1 EL Himbeergelee
- 1 EL Honig
- Steinsalz, Pfeffer aus der Mühle
- 8 Scheiben luftgetrockneter Schinken
- 1 kleines Stück Meerrettichwurzel

Endiviensalat und Chicoréesalat putzen, waschen und abtropfen lassen. Die äußeren Blätter in 1 cm breite Streifen schneiden die inneren Blätter kleiner zupfen. Den Feldsalat putzen, Feldsalat und Kräuter waschen und abtropfen lassen.

Walnüsse hacken und in einer Pfanne anrösten. Apfel waschen, entkernen und in dünne Spalten schneiden. Aus Essig, Öl, Himbeergelee, Honig, Salz und Pfeffer eine Marinade rühren. Den Blattsalat damit mischen und auf vier Teller verteilen.

Nüsse, Apfelspalten, Schinken und Kräuter darauf anrichten. Zum Schluss die Meerrettichwurzel schälen und darüberraspeln.

Eine besondere Note erhält der Salat mit darübergestreuten Rotkleesprossen. Sehr lecker schmeckt der Salat mit frischem Brot.

Walderdbeere

Fragaria vesca

Schon in der Steinzeit aßen unsere Vorfahren Walderdbeeren, denn sie waren auf Nahrhaftes aus der Natur fürs Überleben angewiesen. Die Beeren enthalten besonders viele Vitamine und Biostoffe und schmecken ausgesprochen aromatisch – ein süßes, gesundes Schmankerl, nicht nur für Steinzeitmenschen.

In der Natur

Walderdbeeren gedeihen in einem nahrhaften, humusreichen Boden. Man findet sie im lichten Schatten am Gehölzrand, auf Lichtungen, am Wegrand oder im Saum von Wiesen. Die immergrüne Pflanze wird nur 15 cm hoch. Sie blüht und trägt von Mai bis Juni Früchte. Erdbeeren verbreiten sich durch oberirdische Ausläufer, die an den Knoten Tochterpflanzen bilden, die so genannten Kindel. Wenn diese die Erde berühren, treiben sie Wurzeln. Walderdbeeren wachsen bodendeckend.

In Topf und Garten

BRAUCHT nahrhaften, lockeren, humosen oder sandig-lehmigen Boden, der mit Kompost angereichert wurde. Der Boden sollte frisch sein, aber nicht zu feucht oder gar nass. Am besten ist ein Platz im Halbschatten.

GEDEIHT Walderdbeeren gedeihen sehr gut im Topf oder in einer Ampel. Auch ein Balkonkasten ist geeignet. Im Garten wachsen sie problemlos am Rand von Sträuchern und Hecken.

WOHER? Fragen Sie bei Gartennachbarn nach Ablegern. Gärtnereien bieten Auslesen und verschiedene Sorten der Walderdbeere an. Um die naturnahe Form zu erhalten, achten Sie auf die lateinische Bezeichnung.

Erntezeit

Jan.	Febr.	März	April	Mai	**Juni**	**Juli**	August	Sept.	Okt.	Nov.	Dez.

Anbauen

GARTEN: Entfernen Sie auf dem vorgesehenen Platz zunächst komplett das Unkraut und bringen Sie Kompost aus. Lassen Sie sich den Boden einige Zeit absetzen. Pflanzen Sie die Setzlinge mit ungefähr 20 cm Abstand zueinander. Achten Sie darauf, die Erdbeere nicht zu tief zu setzen. Das Herz muss sichtbar sein.

BALKON UND TERRASSE: Es ist einfach, die Pflanze durch Ableger zu vermehren. Dazu schneiden Sie bewurzelte Jungpflanzen von den Ausläufern ab und setzen sie in einen ausreichend großen Topf mit humoser Erde. Auch eine Aussaat ist möglich. Die Samen keimen allerdings langsam und erst nach längerer Kaltphase.

PFLEGE UND SCHNITT: Gießen Sie Walderdbeeren nur dann, wenn sie trocken sind. Zu viel Wasser kann Fäulnis bewirken. Eine Mulchschicht schafft ein waldbodenähnliches Milieu. Nach dem Winter schneidet man das alte Laub ab und bringt Kompost aus.

GARTEN-TIPP

Die Monatserdbeere (*Fragaria vesca* var. *semperflorens*) ist eine Mutation aus der Walderdbeere und eine beliebte Gartenpflanze. Von Juni bis September blüht sie und trägt leckere, kleine Früchte.

Aromakönigin Walderdbeere

Walderdbeeren sind vollgepackt mit wertvollen Inhaltsstoffen. Sie gehören zu den Vitamin-C-reichsten Früchten. Pro 100 g enthalten sie 60 mg davon. Außerdem sind Vitamin E, K, B und Folsäure in den reifen Früchten enthalten. Dazu kommen noch Mineralstoffe wie Kalium, Kalzium, Eisen, Magnesium und Zink. Auch Flavonoide, Salicylsäure und Phytosterine sind in den Früchten enthalten. Walderdbeeren wirken entwässernd und sollen bei Gicht und Arthritis helfen. Die Fruchtsäure in den Beeren wirkt erfrischend, die Vitamine und Mineralien stärken den Organismus und wirken gegen Erkältung. Seit alters her sagt man Walderdbeeren eine heilsame Wirkung bei Leber- und Gallebeschwerden nach, was heute wissenschaftlich belegt ist. Die Blätter enthalten besonders viele Gerbstoffe, auch Flavonoide und Salicylsäure. Sie wirken adstringierend. Als Gurgelmittel helfen sie bei Entzündungen im Mund- und Rachenraum. Ein Tee aus den Blättern wirkt gegen Durchfall.

Walderdbeeren – kleine Vitaminbomben.

IN DER KÜCHE

Essbar sind die Früchte und Blätter. Walderdbeeren haben ein intensiveres Aroma als Gartenerdbeeren. Köstlich schmecken sie in einer Sommerbowle, in Likör oder in Desserts mit Joghurt oder Quark. Wenn Sie nur wenige Früchte zur Verfügung haben, mischen Sie Gartenerdbeeren unter oder garnieren Sie Gerichte mit Walderdbeeren. Die Früchtchen machen sich auch gut in sommerlichen Blatt- und Rohkostsalaten. Auch die Blätter werden verwendet, frisch oder getrocknet. Erdbeer-, Brombeer- und Himbeerblätter sind die Basis für einen guten Jeden-Tag-Haustee, der mit Pfefferminze, Zitronenmelisse, Hagebutte und Kamillenblüten ergänzt werden kann.

KÜCHEN-TIPP

Fruchtiger Essig
Zusammen mit Zitronenmelisse kann man mit Walderdbeeren einen wunderbaren Fruchtessig ansetzen.

Walderdbeeren-Shake

- 100 g Walderdbeeren
- 100 ml Joghurt
- 200 ml Milch
- 1–2 EL Honig

Die Walderdbeeren putzen und die Stiele entfernen. Einige Beeren zum Garnieren beiseitelegen. Beeren, Joghurt, Milch und Honig in einem Mixer oder mit einem Pürierstab pürieren.

Den Shake in Gläser füllen und mit den restlichen Erdbeeren garnieren.

★ Für unterwegs den Shake in kleine Schraubgläser füllen. Mit einem Strohhalm servieren. Sie können die Walderdbeeren auch mit anderen Beeren mischen.

Zitronencake mit Walderdbeerquark

FÜR DEN KUCHEN:

- 100 g Butter, zimmerwarm, und Butter für die Form
- 100 g brauner Zucker
- 3 Eier
- 100 ml Milch
- 250 g Dinkelmehl Type 630
- ½ Packung Weinsteinbackpulver
- 1 Bio-Zitrone

FÜR DEN QUARK:

- 100 g Quark, 40 % F. i. Tr.
- 2 EL Honig
- 100 g Walderdbeeren

Den Backofen auf 180 °C vorheizen. Butter, Zucker, Eier verrühren, Milch, Mehl und Backpulver dazu geben. Alles zu einem glatten Teig verrühren. Die Zitronenschale abreiben und die Zitrone auspressen. Schale und Saft unter den Teig rühren.

Den Teig in eine gefettete Kastenform füllen und im vorgeheizten Ofen etwa 40 Minuten backen. Den Kuchen aus dem Ofen nehmen, in der Form etwas abkühlen lassen und dann herausnehmen. Anschließend auf einem Kuchengitter vollständig abkühlen lassen und aufschneiden.

Den Quark mit dem Honig glatt rühren und die Erdbeeren dazugeben. Servieren Sie den Erdbeercremequark zu den aufgeschnittenen Kuchenstücken. Die Früchtecreme ersetzt die Schlagsahne.

★ Für diesen Kuchen können natürlich auch Gartenerdbeeren oder gemischte Beeren verwendet werden.

Walderdbeer-Likör

- 200 g Walderdbeeren
- 100–150 g weißer Kandiszucker
- 750 ml Erdbeerbrand (40 Vol.-%)

Die Walderdbeeren in eine saubere Flasche geben, mit Kandiszucker bedecken und mit dem Erdbeerbrand aufgießen. 3–4 Wochen an einem warmen Ort, jedoch nicht in der Sonne, stehen lassen. Gelegentlich schütteln.

Anschließend durch ein Sieb filtern und in kleine, verschließbare Flaschen abfüllen.

★ Der Likör schmeckt im Sommer besonders lecker mit Sekt und einem Gundermannblatt als Garnitur. Falls kein Erdbeerbrand zur Hand ist, nehmen Sie Korn oder Obstler.

Wiesenknopf

Sanguisorba minor

Der Kleine Wiesenknopf, auch **Pimpinelle** genannt, ist ein traditionelles Würzkraut und weithin bekannt als Bestandteil der Frankfurter Grünen Sauce. Seine immergrüne Blattrosette versorgt uns auch in der kalten Jahreszeit mit **Vitamin C**. Ein weiterer Vorteil: Er ist eine überaus anspruchslose Pflanze und kommt in jedem Boden und im Garten wie auf dem Balkon zurecht.

In der Natur

Der Kleine Wiesenknopf ist eine ausdauernde, krautige Pflanze, die in Europa und Asien verbreitet ist. Er fühlt sich sowohl in der Ebene als auch in Bergregionen wohl, wo man ihn auf Wiesen, Halbtrocken- oder Trockenrasen und an Böschungen findet. Als Pionierpflanze besiedelt er gerne Rohböden, Schutthalden oder Bahndämme. Auch in Gärten ist er verbreitet. Früher wurde er häufig in Bauerngärten kultiviert. Die Pflanze bildet eine hübsche, bodenständige Rosette mit gefiederten Blättern, die in milden Gegenden auch im Winter grün ist. Interessant sehen die Wassertropfen aus, die manchmal im Morgentau oder nach Regen an den gezackten Blatträndern haften. Der Blütenstängel treibt im Mai und setzt die typischen rotbraunen Blütenknöpfe an. Der Kleine Wiesenknopf vermehrt sich durch Samen.

Erntezeit

Jan.	Febr.	März	April	Mai	Juni	Juli	August	Sept.	Okt.	Nov.	Dez.
			●	●	●	●	●	●			

In Topf und Garten

BRAUCHT einen durchlässigen, nährstoffarmen Boden, kommt aber auch in jedem Boden auf mäßig trockenem Standort zurecht. Der Kleine Wiesenknopf ist eine anspruchslose Pflanze.

GEDEIHT in Sonne und Halbschatten. Ein warmer Standort ist jedoch vorteilhaft.

WOHER? Da der Kleine Wiesenknopf ein gebräuchliches Küchenkraut ist, führen viele Gärtnereien ihn im Sortiment.

Anbauen

GARTEN: Pflanzen Sie den Kleinen Wiesenknopf in ein nicht zu nährstoffreiches Kräuter- und Staudenbeet. Optimal ist ein sandiger Lehmboden. Pimpinelle macht sich auch gut auf einer Kräuterspirale in der Nachbarschaft von Salbei und Lavendel.

BALKON UND TERRASSE: Pimpinelle in einem Topf zu ziehen, funktioniert problemlos. Verwenden Sie Kräutererde oder mischen Sie selber ein Substrat aus Gartenerde, Kompost und Sand. Säen Sie die Samen im Frühjahr aus. Später werden überschüssige Sämlinge entfernt. Ein späteres Verpflanzen ist wegen der Pfahlwurzel recht schwierig. Am einfachsten ist es, eine Jungpflanze aus einer Gärtnerei einzupflanzen.

PFLEGE: Ein Rückschnitt der Blütentriebe regt die Neubildung von Blättern an. So kann man vom Frühling bis zum Herbst Blätter ernten. Im Garten ist keine Pflege nötig. Der Kleine Wiesenknopf ist frosthart. Auch wenn er eine mehrjährige Pflanze ist, sollte man ihn alle zwei bis drei Jahre neu ansäen.

Vitalpflanze Kleiner Wiesenknopf

Die Blätter des Kleinen Wiesenknopfs enthalten Gerbstoffe, Saponine, Flavonoide, Triterpene und Vitamin C. Er wird hauptsächlich als Zutat in der Frühlingsküche verwendet, denn er bringt den Stoffwechsel in Gang und wirkt allgemein vitalisierend nach einer langen Winterzeit. Darüber hinaus ist sein Gerbstoffgehalt von mindestens zehn Prozent besonders in den Wurzeln bemerkenswert. Die Gerbstoffe wirken blutstillend, adstringierend und helfen bei Durchfall. Die Blätter und Wurzeln lassen sich gut trocknen und als Tee verwenden.

GARTEN-TIPP

Halten Sie den Kleinen Wiesenknopf im Blumentopf nicht zu trocken. Wenn die Wurzeln im Boden genügend Feuchtigkeit ziehen können, schmecken die Blätter feiner und milder.

IN DER KÜCHE

Die Blätter schmecken kräftig-nussig. Man verwendet die zarten Blättchen besonders im Frühling roh, etwa in Salaten, Suppen, im Rührei, Kräuterquark oder in Dips. Auch die jungen Triebspitzen und Blütenknospen können Sie auf diese Weise einsetzen, außerdem als Antipasti einlegen oder Essig damit aromatisieren. Bei gegarten Gerichten sollte man die Blätter immer erst am Schluss dazugeben, damit ihr Aroma erhalten bleibt. Die fein gezackten Blätter eignen sich als Garnitur für Fingerfood, da sie lange frisch und appetitlich aussehen. Man kann sie außerdem gut trocknen und unter ein Kräutersalz mischen.

Tomaten-Feta-Aufstrich

- 100 g Fetakäse
- 30 g Kürbiskerne
- 3–4 Stiele Pimpinelle
- 1 Knoblauchzehe
- 50 g getrocknete Tomaten
- 100 g körniger Frischkäse
- Pfeffer aus der Mühle

Den Feta mit einer Gabel zerdrücken. Die Kürbiskerne und die Pimpinelle hacken. Die Knoblauchzehe schälen und zerdrücken, die getrockneten Tomaten klein schneiden. Alle Zutaten miteinander mischen und mit Pfeffer abschmecken.

★ Der Aufstrich passt zu einem frischen Bauernbrot oder einem rustikalen Baguette.

Käsepressknödel mit Pimpinelle

- 4 Eier
- 250 ml Milch
- 200 g Brötchen vom Vortag
- 100 g würziger Käse, z. B. Bergkäse
- 1 Handvoll Pimpinelle
- frisch geriebene Muskatnuss
- Salz
- Öl zum Braten

Die Eier verquirlen, die Milch erwärmen. Die Brötchen in dünnen Scheiben schneiden, in eine flache Schüssel legen. Mit warmer Milch und den Eiern übergießen und 1 Stunde ziehen lassen.

Den Käse reiben, die Pimpinelle fein hacken und beides zu der Brötchenmasse geben. Das Ganze mit Muskatnuss und Salz würzen. Die Masse zu etwa 15 kleinen Knödeln formen und etwas flach drücken. Das Öl in einer Pfanne erhitzen und die Knödel darin von beiden Seiten goldbraun braten.

★ Zusammen mit einem gemischten Salat sind die Knödel eine vegetarische Hauptspeise. Sie können anstelle von Pimpinelle auch gemischte Kräuter dafür verwenden.

Wiesenlabkraut

Galium mollugo

Das Wiesenlabkraut ist eine immergrüne, ausdauernde Pflanze. Man kann selbst im Winter unter der Schneedecke grüne Triebe ernten und in der Küche verwerten. Besonders saftig und weich sind die Triebspitzen im Frühjahr in der Zeit vor der Blüte.

In der Natur

Das Wiesenlabkraut gedeiht, wie der Name vermuten lässt, auf Wiesen und Weiden, aber auch am Wegrand und am Gehölzsaum, meist an sonnigen, nährstoffreichen Standorten. Das kräftige Kraut behauptet sich gegen die Konkurrenz von Gräsern und anderen Kräutern. Typisch sind der vierkantige Stängel und die schmalen Seitenblättchen, die daran in Quirlen angeordnet sind. Im Mai treibt es Stängel mit vielen dicht stehenden, weißen Blütenrispen. Sie können bis zu einem Meter hoch werden. Wiesenlabkraut ist verwandt mit dem gelbblühenden Echten Labkraut, dem Klettenlabkraut und dem Waldmeister. Der Name Labkraut bezieht sich auf das Lab im Kälbermagen, das die Milch stocken lässt: Früher wurden die Labkräuter zur Käseherstellung verwendet.

Erntezeit

Jan. Febr. März April Mai Juni Juli August Sept. Okt. Nov. Dez.

In Topf und Garten

BRAUCHT normale, nährstoffhaltige Erde und einen sonnigen Platz. Es verträgt auch mal Trockenheit.

GEDEIHT am besten im Garten. Auch wenn man Wiesenlabkraut auf dem Balkon ziehen kann, so wächst es prächtiger, wenn man es direkt ins Erdreich pflanzt.

WOHER? In Wildpflanzengärtnereien erhält man Saatgut und Jungpflanzen. Da sich Labkraut auch durch Wurzelausläufer vermehrt, ist es einfach, einen Ableger auszugraben. Möglicherweise hat ein Gartennachbar Labkraut. Im Sommer kann man die Samen von Wildpflanzen sammeln.

GARTEN-TIPP

Wiesenlabkraut wächst besonders schön vor einem Gartenzaun. Die langen Triebe halten sich an dem Gitter fest und die weißen Blüten kommen wunderbar zur Geltung.

Anbauen

GARTEN: Setzen Sie ein paar Pflänzchen an den Rand des Gartens. Entlang eines Zaunes ist dafür ein guter Platz. Wiesenlabkraut gedeiht auch in der Wiese oder am Rand vom Rasen. Dazu lockern Sie den Boden vor dem Pflanzen und fügen Kompost hinzu. Der beste Zeitpunkt für den Anbau ist das zeitige Frühjahr, wenn die Pflanze auszutreiben beginnt.

BALKON UND TERRASSE: Wählen Sie einen Kübel und pflanzen Sie die Ableger in nährstoffreiche Erde. Es ist auch möglich, Wiesenlabkraut auszusäen. Die Samen keimen gut.

PFLEGE: Ein regelmäßiger Schnitt der Pflanze fördert einen buschigen, kompakten Wuchs. Ernten Sie am besten immer die Triebspitzen. Wenn Sie Wiesenlabkraut im Gefäß ziehen, sollten Sie die Pflanze nach zwei bis drei Jahren teilen und in neue Erde verpflanzen.

Schneiden Sie das Wiesenlabkraut nach der Blüte zurück und freuen Sie sich über eine zweite Blüte im Spätsommer.

Frühlingsbote Wiesenlabkraut

Die Blätter des Wiesenlabkrauts enthalten Iridoidglykoside, Flavonoide, Gerbstoffe, ätherische Öle und eine geringe Menge an Anthrachinonen und Arbutin. Sie sollen harntreibend wirken und besonders den Lymphfluss und die Nierentätigkeit anregen. Hauptsächlich wird Labkraut in der Volksmedizin verwendet. Da es den Stoffwechsel anregt und den Körper allgemein vitalisiert, eignet sich es sich zusammen mit anderen Frühlingskräutern für eine Entschlackungskur.

IN DER KÜCHE

Essbar sind Blätter und Blüten. Die jungen Blätter schmecken nussig und mild. Man kann sie über einen Blattsalat streuen oder zu Pesto verarbeiten. Auch für einen Kräuteressig eignet sich Labkraut kombiniert mit anderen Kräutern gut. Würzen Sie damit auch Gemüseaufläufe, Quiches oder Lasagne. Das Kraut kann gerne mitgaren. Die Blüten machen sich sehr gut als essbare Garnitur zum Beispiel auf Fingerfood. Probieren Sie auch einmal eine Blütenlimonade oder stellen Sie aus den Blüten ein Gelee her.

KÜCHEN-TIPP

Die biegsamen Triebe mit den weißen Blüten sind eine zarte Tischdekoration, ähnlich wie Schleierkraut. Winden Sie aus ein paar Trieben ein Kränzchen. In eine Schale mit ein wenig Wasser gelegt bleibt es frisch. Drapieren Sie in der Mitte eine Rosenblüte.

Wiesenlabkraut-Mandel-Parfait

- 500 ml Sahne
- 4 EL Zucker
- 1 Päckchen Sahnesteif
- 1 Handvoll junge Triebe und Blüten vom Wiesenlabkraut und einige Blüten zum Garnieren
- 4 EL gemahlene Mandeln
- 500 g Joghurt
- 2 EL Pistazien, gehackt
- 100 g Erdbeerkonfitüre

Die Sahne mit dem Zucker und dem Sahnesteif steif schlagen. Die Wiesenlabkrautblätter und -blüten fein hacken und mit den Mandeln und dem Joghurt zur Schlagsahne geben. Langsam unterheben. Eine Kastenform mit den Pistazien ausstreuen und die Masse hineingeben. Über Nacht in das Tiefkühlgerät stellen.

Das Parfait stürzen, kurz antauen lassen und in Scheiben schneiden. Die Erdbeerkonfitüre mit einem Löffel auf einem flachen Teller verteilen, die Parfaitscheiben darauflegen und mit Wiesenlabkrautblüten und Pistazien garnieren.

Wiesenlabkraut-Orangen-Drink

Grüner Wildkräutersmoothie

- 2 Bananen
- 2 Äpfel
- 1 Handvoll Wiesenlabkraut
- 30 g Spinat
- 400 ml Apfelsaft
- 1 EL Leinöl

Die Bananen schälen, die Äpfel waschen und entkernen. Das Obst in Stücke schneiden. Einige Blättchen vom Labkraut als Garnitur beiseitelegen. Spinat und Labkraut hacken und mit den übrigen Zutaten in einem Mixer auf höchster Stufe pürieren. Falls der Smoothie zu dickflüssig ist, etwas Wasser zugeben. Den Smoothie in Gläser füllen und mit den Labkrautblättern garnieren.

Geben Sie im Sommer zusätzlich Eiswürfel dazu. Sehr gut können Sie anstelle von Spinat auch Guten Heinrich verwenden.

Wiesenlabkraut-Orangen-Drink

- 4 Stiele blühendes Wiesenlabkraut
- 2 Bio-Orangen
- 1 EL zarte Haferflocken
- 100 g Joghurt
- 400 ml Birnensaft

Das Labkraut grob zerschneiden, die Orangen schälen und in Stücke schneiden. Alle Zutaten in einem Mixer pürieren.

Man kann auch Klettenlabkraut oder echtes Labkraut verwenden.

Wiesenschaumkraut

Cardamine pratensis

Die blasslila **Blütenteppiche** des Wiesenschaumkrauts kommen frisch und **duftig** daher wie der Frühling. Dass die Pflanze heute in ihrem Bestand gefährdet ist, ist sehr schade, denn das Wiesenschaumkraut ist eine Futterpflanze für den hübschen Aurorafalter und andere Schmetterlinge. Auch kulinarisch ist es interessant. Mit seiner **kresseartigen Schärfe** verfeinert es manche Gerichte. Entdecken Sie auch seine Verwandten, das Gartenschaumkraut und das Bittere Schaumkraut.

In der Natur

Das ausdauernde Wiesenschaumkraut wächst auf feuchten Wiesen, in Bachtälern, entlang von Gewässern und Gräben und manchmal im Rasen. Seinen Namen verdankt es kleinen Schaumnestern, die manchmal an den Stängeln haften und wie Spucke aussehen. Darin entwickelt sich die Larve der Wiesenschaumzikade. Im Winter sieht man die immergrüne Blattrosette, die sich bei Frost lila-rötlich verfärbt. Im April treibt der Blütenstängel. Die weißen bis helllila Blüten sind in einer Scheindolde angeordnet. Die Samen befinden sich in Schoten.

In Topf und Garten

BRAUCHT feuchten, humosen Boden in Sonne oder Halbschatten.
GEDEIHT besser im Garten als im Topf.
WOHER? In Kräutergärtnereien erhalten Sie Schaumkräuter im Topf oder als Samen. Im Frühsommer können Sie die Samenschoten des Wiesenschaumkrautes auch in der Natur sammeln.

Anbauen

GARTEN: Sie können Wiesenschaumkraut im Rasen, im Wildstaudenbeet, am Teichrand oder an einer feuchten Stelle ansiedeln. Man lockert den Boden auf und reichert ihn mit Kompost an. Setzen Sie die Pflanzen in Gruppen von jeweils drei bis fünf Stück in die Erde.
BALKON UND TERRASSE: Auch im Kasten ist eine Kultur von Wiesenschaumkraut möglich. Aussaat ist im Frühjahr oder im Herbst, die Samen werden mit nur wenig Erde bedeckt. Wiesenschaumkraut keimt gut. Natürlich können Sie auch Jungpflanzen einsetzen.
PFLEGE: Wiesenschaumkraut im Garten braucht keine Pflege. Auf dem Balkon sollten Sie den Topf feucht halten.

Gartenschaumkraut, Behaartes Schaumkraut

Cardamine hirsuta

In der Natur

Das einjährige Gartenschaumkraut wurde über Pflanzensubstrate bei uns eingeschleppt und hat sich mittlerweile über Gärtnereien und Baumschulen in Gärten, Parks und Weinbergen ausgebreitet. Schon früh im Jahr fällt die ornamentale Blattrosette auf, aus der später die violett überlaufenen Stängel mit winzigen, weißen Blütchen sprießen. Im Gegensatz zum Wiesenschaumkraut ist die Blattoberseite behaart. Wenn Sie Gartenschaumkraut einmal entdeckt haben, werden Sie es überall sehen – im Garten, im Balkonkasten, zwischen Steinplatten, denn es breitet sich leicht aus. Bei Berührung springen die Samenschoten auf, der Same wird herausgeschleudert.

In Topf und Garten

BRAUCHT humosen, feuchten, nährstoffreichen Boden.

GEDEIHT sowohl in Sonne und Schatten im Garten als auch in Töpfen und Balkonkästen.

WOHER? Da Gartenschaumkraut als „Unkraut" verbreitet ist, erhalten Sie sicherlich Pflänzchen aus einem anderen Garten. Der beste Pflanztermin ist das zeitige Frühjahr.

Anbauen

GARTEN: Meist ist das Gartenschaumkraut bereits im Garten vorhanden. Wenn nicht, pflanzen Sie es dort, wo es nicht stört, in humose Erde.

BALKON UND TERRASSE: Setzen Sie die Pflänzchen in einen Topf mit lockerer, humoser Erde. Gartenschaumkraut ist unkompliziert. Wenn es einmal angesiedelt wurde, wird es sich auf andere Pflanzgefäße verbreiten. Dort wo es nicht stört, können Sie es ruhig wachsen lassen und ernten.

PFLEGE: Um eine übermäßige Ausbreitung von Gartenschaumkraut zu verhindern, schneiden Sie die Triebe vor der Samenreife ab.

Bitteres Schaumkraut

Cardamine amara

In der Natur

Das Bittere Schaumkraut wird auch Wilde Kresse genannt. Anders als der Beiname „bitter" vermuten lässt, hat es einen eher kresseartigen, würzigen Geschmack. Die immergrüne, ausdauernde Pflanze wird etwa 40 cm hoch. Sie wächst wild an Bachläufen, in feuchten Gräben oder am Ufer von Gewässern und sieht der gewöhnlichen Brunnenkresse (*Nasturtium officinale*) sehr ähnlich. Während die Staubbeutel der Brunnenkresse gelb sind, sind die des Bitteren Schaumkrautes aber violett.

In Topf und Garten

BRAUCHT feuchten, nährstoffreichen, humosen Boden.

GEDEIHT im flachen Gewässer, im Sumpf oder feuchten Uferbereich im Halbschatten.

WOHER? Gut sortierte Kräutergärtnereien führen Pflanzen.

Erntezeit: Jan. · Febr. · März · April · Okt. · Nov. · Dez.

Anbauen

GARTEN: Pflanzen Sie das Bittere Schaumkraut in die Flachwasserzone oder an den Teichrand. Wenn Sie eine Kräuterspirale haben, passt das Kraut in die Wasserzone am Fuß der Spirale. Die Kultur ist einfacher als die von Brunnenkresse, denn das Bittere Schaumkraut kommt auch in stehendem Gewässer gut zurecht.

BALKON UND TERRASSE: Ein Anbau im Garten ist zu empfehlen.

PFLEGE: Halten Sie das Bittere Schaumkraut feucht, dann schmecken die Blätter milder. Etwas organischer Dünger und ein Rückschnitt der Blütenstängel bewirken ein kräftiges Wachstum.

Scharfe Schaumkräuter

Alle drei Schaumkräuter enthalten Glucosinolate / Senfölglykoside, die für die Kreuzblütler typisch sind. Diese hoch wirksamen Senfölverbindungen sind am scharfen, leicht bitteren Kressegeschmack zu erkennen. Außerdem enthalten die Kräuter Bitterstoffe, Mineralstoffe und reichlich Vitamin C. Ein paar Blättchen decken unseren Tagesbedarf an diesem Vitamin. Die Schaumkräuter sind, wie auch der Meerrettich, gute Begleiter, um die Erkältungszeit schadlos zu überstehen. Sie wirken antibakteriell, regen den Stoffwechsel an und fördern die Tätigkeit von Leber und Galle. In der Volksmedizin gelten sie als Mittel bei Rheumabeschwerden.

IN DER KÜCHE

Essbar sind Blätter, Blüten und Stiele. Alle drei Schaumkräuter schmecken ähnlich scharf wie Rettich. Man verwendet sie wie Gartenkresse, in erster Linie roh. Sie passen wunderbar in einen Wintersalat, zu Avocado, Brotaufstrichen, Frischkäse und Quark oder einfach aufs Butterbrot. Man kann gefüllte Eier damit herstellen oder Kartoffelgerichte verfeinern. Fein schmecken sie auch zu Räucherfisch. Und nicht zuletzt sind sie ein wertvoller Bestandteil in Smoothies. Die Blüten des Wiesenschaumkrautes sehen bezaubernd auf Spargelsalat, in Blattsalaten oder in anderen Gerichten aus.

KÜCHEN-TIPP

Blühendes Wiesenschaumkraut als Gesteck oder in einer Blumenvase zaubert den Frühling auf eine festlich gedeckte Tafel.

Kürbis-Karotten-Suppe mit Ingwer

- 300 g Kürbis, z. B. Hokkaido
- 200 g Karotten
- 1 kleines Stück Ingwerwurzel
- 1 Schalotte
- etwas Öl zum Andünsten
- 750 ml Gemüsebrühe
- 3–4 Stiele blühendes Wiesenschaumkraut
- Schnittlauch
- 150 ml Sahne
- Salz, Pfeffer aus der Mühle
- frisch geriebene Muskatnuss

Den Kürbis entkernen, die Karotten schälen, beides würfeln. Den Ingwer und die Schalotte schälen und fein würfeln.

Ingwer und Schalotte andünsten, Karotten und Kürbis dazugeben und ebenfalls andünsten. Die Brühe dazugeben und das Gemüse weichkochen. Die Blätter vom Wiesenschaumkraut sowie den Schnittlauch fein schneiden. Die Suppe pürieren.

Die Sahne und das Wiesenschaumkraut unterrühren und mit Salz, Pfeffer und Muskatnuss abschmecken. Die Suppe mit einigen Blüten und Knospen des Wiesenschaumkrauts sowie mit dem Schnittlauch garnieren.

Sie können die Suppe mit gerösteten Kürbiskernen und Kürbiskernöl verfeinern.

Wiesenquark mit Pellkartoffeln

- 750 g mehlig kochende Kartoffeln
- 5 Stiele Wiesenschaumkraut
- 500 g Schichtkäse
- 200 g Hüttenkäse
- 3 EL Mineralwasser
- Salz

Die Kartoffeln gar kochen. Die Blätter des Wiesenschaumkrautes hacken. Den Schichtkäse mit dem Hüttenkäse und dem Mineralwasser verrühren. Das Kraut zugeben und mit Salz abschmecken.

Die Kartoffeln abgießen, pellen, leicht einschneiden und mit dem Wiesenquark füllen. Mit den abgezupften Schaumkrautblüten garnieren.

★ Verwenden Sie neue Kartoffeln, am besten aus biologischem Anbau. Dann können Sie die Schale gleich mitessen.

Wiesen-Karotten-Dip

- 4 Karotten
- 1 EL Zitronensaft
- 200 g Quark, 40 % F. i. Tr.
- 4 Stiele bitteres Schaumkraut
- 1 Prise Zucker
- Salz

Die Karotten schälen und fein raspeln. Zitronensaft und Quark mit den Karotten verrühren. Die Blätter des Schaumkrauts fein hacken und unter den Aufstrich heben. Mit Zucker und Salz abschmecken und mit den Blüten garnieren.

★ Der Dip schmeckt auch mit Meerrettich anstelle des Schaumkrauts lecker.

Couscoussalat mit Gartenschaumkraut

- 200 g Couscous
- 250 ml Brühe
- ½ Bund Frühlingszwiebeln
- ½ Bund Radieschen
- 1 Handvoll Gartenschaumkraut
- 1 Zitrone
- 6 EL Olivenöl
- Salz, Pfeffer aus der Mühle

Den Couscous in der Brühe nach der Packungsanleitung garen und abkühlen lassen. Mit einer Gabel etwas auflockern. Die Frühlingszwiebeln waschen und in Ringe schneiden, die Radieschen waschen, putzen und in Scheiben schneiden.

Das Gartenschaumkraut fein hacken. Die Zitrone auspressen. Zitronensaft und Olivenöl mit Salz und Pfeffer zu einer Marinade verrühren. Den Couscous in eine Salatschüssel geben und alle Zutaten locker unterheben.

★ Couscoussalat ist, in ein Schraubdeckelglas gefüllt, prima zum Mitnehmen geeignet.

Lauwarmer Spargelsalat mit Wiesenschaumkraut

- 1 kg weißer Spargel
- 5 Stiele Wiesenschaumkraut
- 2 EL weißer Balsamicoessig
- 4 EL Sonnenblumenöl
- 100 ml Gemüsebrühe
- Salz, Pfeffer aus der Mühle

Den Spargel schälen, waschen, in mundgerechte Stücke schneiden und bissfest kochen. Die Blätter des Wiesenschaumkrauts hacken, die Blüten für die Garnitur beiseitelegen. Aus Essig, Öl, Gemüsebrühe, Salz, Pfeffer und den Schaumkrautblättern eine Marinade rühren. Die noch warmen Spargelstücke in die Marinade geben und auf einer Platte anrichten.

SERVICE

Bezugsquellen

Pflanzen & Saatgut

Hof Berg-Garten
Lindenweg 17
79737 Herrischried
www.hof-berggarten.de

Rühlemann's Kräuter & Duftpflanzen
Auf dem Berg 2
27367 Horstedt
www.kraeuter-und-duftpflanzen.de

Syringa, Kräuter und Duftpflanzen
Untere Gräben 1
78247 Hilzingen
www.syringa-pflanzen.de

Staudengärtnerei Gaissmayer
Jungviehweide 3
89257 Illertissen
www.staudengaissmayer.de

Kräuter-Gärtnerei Klaus Friderich
Lehweg 2
79361 Sasbach
www.kraeuter-vom-kaiserstuhl.de

Bingenheimer Saatgut
Kronstraße 24
61209 Echzell
www.bingenheimersaatgut.de

Dreschflegel
In der Aue 31
37213 Witzenhausen
www.dreschflegel-saatgut.de

Torffreie Erde, Bio-Dünger & Gartenzubehör

Neudorff
An der Mühle 3
31860 Emmerthal
www.neudorff.de

Oscorna
Erbacher Straße 41
89079 Ulm
www.oscorna.de

Bio-Keller
Konradstraße 17
79100 Freiburg
www.biokeller-freiburg.de

Trockengerät

BTE-Technik – Armbrusters Hof
Obertal 5
77791 Berghaupten
www.bte-technik.de

Zum Weiterlesen

Bücher

Armbruster, Ulrike: **Zaubern mit Kräutern, Folge 1, 2 und 3**, Selbstverlag Armbrusters Hof, Berghaupten 2012–2017

Beiser, Rudi: **Mein Heilpflanzengarten**, Verlag Eugen Ulmer, Stuttgart 2012

Bergmann, Heide: **Kräuterspirale**, Gräfe und Unzer Verlag, München 2014

Bühring, Ursel: **Alles über Heilpflanzen**, Verlag Eugen Ulmer, Stuttgart 2014

Burckhardt, Coco: **Alles aus Wildpflanzen**, Verlag Eugen Ulmer, Stuttgart 2015

Fleischhauer, Steffen | Guthmann, Jürgen | Spiegelberger, Roland: **Enzyklopädie essbarer Wildpflanzen, 2000 Pflanzen Mitteleuropas**, AT Verlag, Aarau und München 2013

Fleischhauer, Steffen | Guthmann, Jürgen | Spiegelberger, Roland: **Essbare Wildpflanzen einfach bestimmen. Die 50 beliebtesten Arten**, AT Verlag, Aarau und München 2016

Freiberg, Christina: **Mein Heilpflanzenbalkon**, Verlag Eugen Ulmer, Stuttgart 2016

Heistinger, Andrea: **Handbuch Bio-Balkongarten**, Löwenzahn Verlag, Innsbruck 2013

Heistinger, Andrea: **Kräuter richtig anbauen**, Löwenzahn Verlag, Innsbruck 2016

Hofmann, Maria: **Bayerisches Kochbuch**, Birken-Verlag, München 2007

Kötter, Engelbert: **Das große GU PraxisHandbuch Kräuter**, Gräfe und Unzer Verlag, München 2009

Kreuter, Marie-Luise: **Kräuter und Gewürze aus dem eigenen Garten**, BLV Verlag, München 1996

Kreuter, Marie-Luise: **Der Biogarten**, BLV Verlag, München 2016

Marti, Oskar: **Frühling in der Küche**, AT-Verlag, Aarau und München 2000

Marti, Oskar: **Sommer in der Küche**, AT-Verlag, Aarau und München 2003

Stüber, Hedwig Maria: **Ich helf dir kochen**, BLV Verlag, München 2015

Internetseiten

Netzwerk **Bauerngarten- und Wildkräuterland Baden e. V.** – ein Zusammenschluss von Kräuterpädagogen, Bauerngärtnerinnen, Phytotherapeuten, Naturpädagoginnen, Natur- und Gästeführern sowie weiteren Natur- und Pflanzeninteressierten. Angebot von Wildkräuterexkursionen, Bauerngartenreisen, touristischen Erlebnisangeboten, Fachvorträgen und besonders hochwertigen Produkten:
www.kraeuter-regio.de

Hof der Autorin **Ulrike Armbruster** mit Spezialitätenbrennerei, Kräutermanufaktur, Hofladen und vielfältigen Angeboten rund um Wildkräuter:
www.Armbruster-Berghaupten.de

Internetseite der Autorin **Heide Bergmann** mit Angeboten rund um die Planung ökologischer Gärten und Kräutergärten:
www.heide-bergmann.de

Internetseite der Heilpflanzenexpertin **Ursel Bühring** mit Seminaren, Vorträgen und Publikationen:
www.ursel-buehring.de

Seite der **Freiburger Heilpflanzenschule** mit diversen Kurs- und Seminarangeboten:
www.heilpflanzenschule.de

Verein für naturnahe Garten- und Landschaftsgestaltung, Seminare, Aktivitäten und Thementage:
www.naturgarten.org

Register

Schnell nachgeschlagen

P

Q

R

S

T

U

V

W

Z

Rezeptverzeichnis

Dank

Für die Durchsicht und das fachliche Feedback danken wir der Heilpflanzenexpertin Ursel Bühring sowie Robert Schönfeld von der Gärtnerei „Hof Berg-Garten". Ein herzliches Dankeschön auch an die Vorstandsfrauen von „Bauerngarten- und Wildkräuterland Baden e. V." und nicht zuletzt an unsere Männer Werner Armbruster und Werner Klenk für ihre Unterstützung.

Bildquellen

Boris Pralovszky / Shutterstock.com: 103
Valentyn Volkov / Shutterstock.com: 133
Anna Shepulova / Shutterstock.com: 31
Armbruster, Werner: Außenklappe hinten
Bellmann, Heiko / Hecker, Frank: 57, 64, 65, 83 r., 94, 125
Bildagentur Zoonar GmbH / Shutterstock.com: 39
Botanikfoto / Friederike Take: 130
Botanikfoto / Steffen Hauser: Innenklappe vorne Mitte rechts
Hecker, Frank Naturfoto: Titelfoto, 2, 12–14, 22, 24, 27, 29, 30, 34, 42, 48 und Umschlagrückseite, 49, 52, 53, 69, 72, 73, 78, 79, 82, 83 u., 86, 87, 90, 91, 98, 99, 106, 110, 111, 116, 117 l., 117 r., 120, 121, 131, 134, 138, 145, 150, alle Fotos Innenklappen bis auf Innenklappe vorne Mitte rechts
Martin Charles Hatch / Shutterstock.com: 15
mauritius images: 102, 139, 143, 149 (Blüten)
Oksana Mizina / Shutterstock.com: 107
Schneider, Jutta / Will, Michael: 8, 11, 21, 38, 43, 56, 60, 61
Steffen Hauser / botanikfoto: 143
StockFood / PhotoCuisine / Paquin, Marianne: 147
Vitt, Rebecca: 6, 33, 35, 36/37, 40, 41, 45, 46, 47 o., 47 u., 50, 51, 55, 58, 59, 62, 63, 66, 67, 71, 74, 75, 76, 77, 81, 85, 88, 89, 93, 97, 101, 105, 109, 113, 114, 119, 123, 127, 128, 129, 132, 137, 140, 141, 149 (Salat)
Wurft, Monika: 17, 18, 68, 124 (1)

Bibliografische Information der Deutschen Nationalbibliothek
Die Deutsche Nationalbibliothek verzeichnet diese Publikation in der Deutschen Nationalbibliografie; detaillierte bibliografische Daten sind im Internet über http://dnb.d-nb.de abrufbar.

Wollgrasweg 41, 70599 Stuttgart (Hohenheim)
E-Mail: info@ulmer.de
Internet: www.ulmer-verlag.de
Konzept: Christine Hutschenreuther
Lektorat: Ina Vetter, Claudia Boss-Teichmann
Layout und Satz: Antje Warnecke, nordendesign.de
Reproduktion: timeRay Visualisierungen, Jettingen
Herstellung: Silke Reuter
Umschlag-Konzeption: Ruska Martín, Associates GmbH, Berlin
Umschlag-Gestaltung: Atelier Reichert
Druck und Bindung: Westermann Druck, Zwickau
Printed in Germany

ISBN 978-3-8186-0266-6